U0207723

■ 宁波植物丛书 ■

丛书主编　李根有　陈征海　李修鹏

植物图鉴

第三卷

金水虎　徐绍清
陈煜初　张芬耀　等　编著

科学出版社
北　京

内 容 简 介

本卷记载了宁波地区野生和习见栽培的种子植物（酢浆草科—山茱萸科）53科181属423种（其中5杂交种）4亚种40变种3变型44品种，每种植物均配备特征图片，同时有科名、属名、中文名、别名、拉丁学名、形态特征、地理分布与生境、主要用途等文字说明。

本书可供从事生物多样性保护、植物资源开发利用等工作的技术人员、经营管理者，以及林业、园林、生态、环保、中医药、旅游等专业的师生及植物爱好者参考。

图书在版编目（CIP）数据

宁波植物图鉴. 第三卷 / 金水虎等编著. —北京：科学出版社，2021.6
（宁波植物丛书 / 李根有，陈征海，李修鹏主编）
ISBN 978-7-03-069170-5

Ⅰ. ①宁…　Ⅱ. ①金…　Ⅲ. ①植物－宁波－图集　Ⅳ. ① Q948.525.53-64

中国版本图书馆CIP数据核字（2021）第110399号

责任编辑：张会格　白　雪 / 责任校对：郑金红
责任印制：肖　兴 / 封面设计：刘新新

科学出版社 出版
北京东黄城根北街16号
邮政编码：100717
http://www.sciencep.com

北京汇瑞嘉合文化发展有限公司 印刷
科学出版社发行　各地新华书店经销
*
2021年6月第　一　版　开本：889×1194　1/16
2021年6月第　一　版　印张：26 3/4
字数：866 000

定价：398.00 元
（如有印装质量问题，我社负责调换）

“宁波植物丛书”编委会

主要外业调查人员

综合组（全市）：李根有（组长） 李修鹏 章建红 林海伦 陈煜初 傅晓强

浙江省森林资源监测中心组（滨海及四明山区域为主）：陈征海（组长）陈 锋 张芬耀 谢文远 朱振贤 宋 盛

第一组（象山、余姚）：马丹丹（组长）吴家森 张幼法 杨紫峰 何立平 陈开超 沈立铭

第二组（宁海、北仑）：金水虎（组长）冯家浩 何贤平 汪梅蓉 李宏辉

第三组（奉化、慈溪）：闫道良（组长）夏国华 徐绍清 周和锋 陈云奇 应富华

第四组（鄞州、镇海、江北）：叶喜阳（组长）钟泰林 袁冬明 严春风 赵 绮 徐 伟 何 容

其他参加调查人员

宁波市林业局等单位人员（以拼音为序）

柴春燕 蔡建明 陈芳平 陈荣锋 陈亚丹 崔广元 董建国 范国明 范林洁 房聪玲 冯灼华 葛民轩 顾国琪 顾贤可 何一波 洪丹丹 洪增米 胡聚群 华建荣 皇甫伟国 黄 杨 黄士文 黄伟军 江建华 江建平 江龙表 赖明慧 李东宾 李金朝 李璐芳 林 宁 林建勋 林乐静 林于倢 娄厚岳 陆志敏 毛国尧 苗国丽 钱志潮 邱宝财 仇靖少 裘贤龙 沈 颖 沈生初 汤社平 王利平 王立如 王良衍 王卫兵 汪科继 吴绍荣 向继云 肖玲亚 谢国权 熊小平 徐 敏 徐德云 徐明星 杨荣曦 杨媛媛 姚崇巍 姚凤鸣 尹 盼 余敏芬 余正安 俞雷民 曾余力 张 宁 张富杰 张冠生 张雷凡 郑云晓 周纪明 周新余 朱杰旦

浙江农林大学学生（以拼音为序）

柴晓娟 陈 岱 陈 斯 陈佳泽 陈建波 陈云奇 程 莹 代英超 戴金达 付张帅 龚科铭 郭玮龙 胡国伟 胡越锦 黄 仁 黄晓灯 江永斌 姜 楠 金梦园 库伟鹏 赖文敏 李朝会 李家辉 李智炫 郦 元 林亚茹 刘彬彬 刘建强 刘名香 陆云峰 马 凯 潘君祥 裴天宏 邱迷迷 任燕燕 邵于豪 盛千凌 史中正 苏 燕 童 亮 王 辉 王 杰 王俊荣 王丽敏 王肖婷 吴欢欢 吴建峰 吴林军 吴舒昂 徐菊芳 徐路遥 许济南 许平源 严彩霞 严恒辰 杨程瀚 俞狄虎 臧 毅 臧月梅 张 帆 张 青 张 通 张 伟 张 云 郑才富 朱 弘 朱 健 朱 康 竺恩栋

《宁波植物图鉴》（第三卷）编写组

主要编著者

金水虎　徐绍清　陈煜初　张芬耀

其他编著者（以拼音为序）

范林洁　房聪玲　冯家浩　胡冬冬　胡国伟
刘建强　陆云峰　徐路遥　张幼法　朱杰旦

审　　稿

李根有　陈征海　李修鹏　马丹丹

摄　　影（按图片采用数量排序）

李根有　马丹丹　金水虎　陈征海　徐绍清　陈煜初
李修鹏　张芬耀　张幼法　林海伦　张宏伟　李金朝
赵天荣　杨淑贞　肖克炎　吴棣飞　王金旺　王军峰
刘　军　樊树雷　徐艳阳　王国明

主编单位

浙江农林大学　慈溪市林特技术推广中心　宁波市林业技术服务中心

参编单位

浙江农林大学暨阳学院　浙江省森林资源监测中心
宁波市林业局　杭州天景水生植物园有限公司

作者简介

金水虎
教授，硕士研究生导师

金水虎，男，1965 年 12 月出生，浙江柯桥人。1987 年 7 月毕业于浙江林学院林学专业。现任浙江农林大学知联会副会长、植物资源研究所副所长，浙江省植物学会理事、资源植物分会副会长。长期从事植物分类与资源利用方向的教学和科研工作，先后主持或参与各类科研项目 40 余项，发表学术论文 50 余篇，主编或参编专著和教材 15 部。获专利 2 件，浙江省科学技术奖三等奖、浙江省教学成果奖一等奖各 1 项。

徐绍清
正高级工程师

徐绍清，男，1965 年 10 月出生，浙江慈溪人。1987 年 7 月毕业于浙江林学院经济林专业。现任慈溪市林特学会秘书长。主要从事植物资源利用与林特技术推广研究工作。先后主持或参与完成植物资源调查、湿地生态修复、近自然林促成、古树名木复壮、有害生物防控、优新苗木扩繁、果树高效培育、油用牡丹引种等科研项目 30 余项，主编或参编专著 4 部；获专利 10 件；发表学术论文 40 余篇。获各类科技成果奖励 20 余项，其中省部级科学技术奖二等奖 1 项、三等奖 3 项，以及浙江省优秀林技推广员、慈溪市延长山林承包期工作先进个人等荣誉。

陈煜初
高级工程师

陈煜初，男，1963 年 3 月出生，浙江新昌人。国家林业和草原局乡土专家、浙江省农业农村厅花卉专家、中国风景园林学会科学传播专家、莲属植物栽培品种国际登录专家委员会委员，杭州天景水生植物园创建人。发起组建了杭州市水生植物学会、中国园艺学会水生花卉分会、中国睡莲产业联盟和水生植物种质资源保护联盟，分别担任理事长、副理事长和名誉理事长。先后从事营林、森林游憩开发、风景园林管理、园林水生植物研究等工作，在森林生态、植物资源、濒危物种保育、引种驯化、新品种选育和园林应用等领域成果突出。主持或参与国家、省、市科研项目 8 项，选育荷花、睡莲、鸢尾新品种 30 余个，发表论文 150 余篇，主编或参编著作 9 部，获国际新品种专利 2 件，国内各类专利 35 件，主持或参与制定行业及地方标准 9 项。主持成果获省（部）、市（厅）科技进步奖 4 项，中国风景园林学会科技进步奖二等奖 3 项。被评为“2014 中国花木产业年度十大人物”。

张芬耀
高级工程师

张芬耀，男，1986 年 12 月出生，浙江苍南人。2008 年毕业于浙江林学院生物技术专业。现就职于浙江省森林资源监测中心。浙江省植物学会青年工作委员会委员，浙江省生态学会、浙江省林学会、杭州市水生植物学会会员。长期从事植物分类、动植物资源调查与监测工作，先后主持或主要参与完成浙江省海岛与海岸带植物植被资源调查、浙江省第二次全国重点保护野生植物资源调查、杭州市珍稀濒危植物调查研究、浙江安吉龙王山自然保护区综合科学考察等植物资源调查与监测项目 40 余项，发表学术论文 40 余篇；主编或参编《宁波珍稀植物》《浙江常用中草药图鉴》《法定药用植物志·华东篇》《浙江省常见树种彩色图鉴》等著作 18 部。获浙江省科技进步奖二等奖 1 项，梁希林业科学技术奖二等奖 1 项，全国林业优秀工程咨询成果一等奖 1 项，浙江省科技兴林奖一等奖 1 项、二等奖 2 项。

丛书序

植物是大自然中最无私的“生产者”，它不但为人类提供粮油果蔬食品、竹木用材、茶饮药材、森林景观等有形的生产和生活资料，还通过光合作用、枝叶截留、叶面吸附、根系固持等方式，发挥固碳释氧、涵养水源、保持水土、调节气候、滞尘降噪、康养保健等多种生态功能，为人类提供了不可或缺的无形生态产品，保障人类的生存安全。可以说，植物是自然生态系统中最核心的绿色基石，是生物多样性和生态系统多样性的基础，是国家重要的基础战略资源，也是农林业生产力发展的基础性和战略性资源，直接制约与人类生存息息相关的资源质量、环境质量、生态建设质量及生物经济时代的社会发展质量。

宁波地处我国海岸线中段，是河姆渡文化的发源地、我国副省级市、计划单列市、长三角南翼经济中心、东亚文化之都和世界级港口城市，拥有“国家历史文化名城”“中国文明城市”“中国最具幸福感城市”“中国综合改革试点城市”“中国院士之乡”“国家园林城市”“国家森林城市”等众多国家级名片。境内气候优越，地形复杂，地貌多样，为众多植物的孕育和生长提供了良好的自然条件。据资料记载，自19世纪以来，先后有R. Fortune、W. M. Cooper、F. B. Forbes、W. Hancock、E. Faber、H. Migo等31位外国人，以及钟观光、张之铭、秦仁昌、耿以礼等众多国内著名植物专家来宁波采集过植物标本，宁波有幸成为大量植物物种的模式标本产地。但在新中国成立后，很多人都认为宁波人口密度高、森林开发早、干扰强度大、生境较单一、自然植被差，从主观上推断宁波的植物资源也必然贫乏，在调查工作中就极少关注宁波的植物资源，导致在本次调查之前从未对宁波植物资源进行过一次全面、系统、深入的调查研究。《浙江植物志》中记载宁波有分布的原生植物还不到1000种，宁波境内究竟有多少种植物一直是个未知数。家底不清，资源不明，不但与宁波发达的经济地位极不相称，而且严重制约了全市植物资源的保护与利用工作。

自2012年开始，在宁波市政府、宁波市财政局和各县（市、区）的大力支持下，宁波市林业局联合浙江农林大学、浙江省森林资源监测中心等单位，历经6年多的艰苦努力，首次对全市的植物资源开展了全面深入的调查与研究，查明全市共有野生、归化及露地常见栽培的维管植物214科1173属3256种（含540个种下等级：包括257变种、39亚种、44变型、200品种）。其中蕨类植物39科79属191种，裸子植物9科32属89种，被子植物166科1062属2976种；野生植物191科847属2183种，栽培及归化植物23科326属1073种（以上数据均含种下等级）。调查中还发现了不少植物新分类群和省级以上地理分布新记录物种，调查成果向世人全面、清晰地展示了宁波境内植物种质资源的丰富度和特殊性。在此基础上，项目组精心编著了“宁波植物丛书”，对全市维管植物资源的种类组成、区域分布、区系特征、资源保护与开发利用等方面进行了系统阐述，同时还以专题形式介绍了宁波的珍稀植物和滨海植物。丛书内容丰富、图文并茂，是一套系统、详尽展示我市维管植物资源全貌和调查研究进展的学术丛书，既具严谨的科学性，又有较强的科普性。丛书的出版，必将为我市植物资源的保护与利用提供重要的决策依据，并产生深远的影响。

值此“宁波植物丛书”出版之际，谨作此序以示祝贺，并借此对全体编著者、外业调查者及所有为该项目提供技术指导、帮助人员的辛勤付出表示衷心感谢！

宁波市林业局局长 许义平

2018年5月25日

前言

《宁波植物图鉴》是宁波植物资源调查研究工作的主要成果之一，由全体作者历经6年多编著而成。

本套图鉴科的排序，蕨类植物采用秦仁昌分类系统，裸子植物采用郑万钧分类系统，被子植物按照恩格勒分类系统。

各科首页页脚列出了该科在宁波有野生、栽培或归化的属、种及种下分类等级的数量。属与主种则按照拉丁学名的字母进行排序。

原生主种（含长期栽培的物种）的描述内容包括科名、属名、中文名、别名、拉丁学名、形态特征、地理分布与生境、主要用途等，并配有原色图片；归化或引种主种的描述内容为科名、属名、中文名、别名、拉丁学名、形态特征、原产地、宁波分布区和生境（栽培的不写）、主要用途等，并配有原色图片；为节省文字篇幅，选取部分与主种形态特征或分类地位相近的物种（包括种下分类群、同属或不同属植物）作为附种作简要描述。

市内分布区用“见于……”表示，省内分布区用“产于……”表示，省外分布区用“分布于……”表示，国外分布区用“……也有”表示。

本图鉴所指宁波的分布区域共分10个，具体包括：慈溪市（含杭州湾新区），余姚市（含宁波市林场四明山林区、仰天湖林区、黄海田林区、灵溪林区），镇海区（含宁波国家高新区甬江北岸区域），江北区，北仑区（含大榭开发区、梅山保税港区），鄞州区（2016年行政区划调整之前的地理区域范围，含东钱湖旅游度假区、宁波市林场周公宅林区），奉化区（含宁波市林场商量岗林区），宁海县，象山县，市区（含2016年行政区域调整前的海曙区、江东区及宁波国家高新区甬江南岸区域）。

为方便读者查阅及避免混乱，书中植物的中文名原则上采用《浙江植物志》的叫法，别名则主要采用通用名、宁波或浙江代表性地方名及《中国植物志》、*Flora of China* 所采用的与《浙江植物志》不同的中文名；拉丁学名主要依据 *Flora of China*、《中国植物志》等权威专著，同时经认真考证也采用了一些最新的文献资料。

本套图鉴共分五卷，各卷收录范围为：第一卷〔蕨类植物、裸子植物、被子植物（木麻黄科—苋科）〕、第二卷（紫茉莉科—豆科）、第三卷（酢浆草科—山茱萸科）、第四卷（山柳科—菊科）、第五卷（香蒲科—兰科）。每卷图鉴后面均附有本卷收录植物的中文名（含别名）及拉丁学名索引。

本卷为《宁波植物图鉴》的第三卷，共收录种子植物53科181属423种（其中5杂交种）4亚种40变种3变型44品种，共514个分类单元，占《宁波维管植物名录》该部分总数的90.3%；其中归化植物12种，栽培植物152种（含种下等级，下同）；作为主种收录358种，作为附种收录156种。

本卷图鉴的顺利出版，既是卷编写人员集体劳动的结晶，更与项目组全体人员的共同努力密不可分。本书从外业调查到成书出版，先后得到了宁波市和各县（市、区）及乡镇（街道）林业部门与部分林场、宁波市药品检验所主任中药师林海伦先生、中国科学院武汉植物园肖克炎先生、浙江清凉峰自然保护区管理局张宏伟先生、浙江省天目山自然保护区管理局杨淑贞女士、浙江自然博物馆张方钢先生、华东药用植物园科研管理中心王军峰先生、温州市园林绿化管理中心吴棣飞先生、浙江省亚热带作物研究所王金旺先生、宁波城市职业技术学院李金朝女士、宁波市农业科学研究院赵天荣女士、宁波市林特科技推广中心樊树雷先生、宁波福泉山茶场徐艳阳先生等单位和个人的大力支持和指导，在此一并致以诚挚谢意！

由于编者水平有限，加上工作任务繁重、编撰时间较短，书中定有不足之处，敬请读者不吝批评指正。

编著者

2020年6月9日

目录

一 酢浆草科 Oxalidaceae*

001 酢浆草

学名 **Oxalis corniculata** Linn. 属名 酢浆草属

形态特征 多年生草本，高10～35cm。全株疏被柔毛；茎柔弱，多分枝，常平卧，匍匐茎节上生根。掌状三出复叶互生；小叶片倒心形，0.5～1.3cm×0.7～2cm，先端凹入；托叶明显，小，长圆形或卵形，与叶柄合生。花单生或数朵组成伞形花序，腋生；花瓣黄色。蒴果长圆柱形，长1～2cm，具5棱。花果期4—11月。

生境与分布 见于全市各地；生于路旁、溪沟边、河岸、田间荒地等处。全省各地均产；全国广布；全世界热带至温带均有。

主要用途 全草入药，具清热解毒、消肿散淤之功效。

附种 **直立酢浆草 *O. stricta***，茎直立，单一或少分枝；无托叶或不明显。见于慈溪、余姚、北仑、鄞州、奉化、宁海、象山；生于丘陵山地的沟谷、路旁、田间荒地等处。

直立酢浆草

* 本科宁波有1属5种，其中栽培2种，归化1种。本图鉴全部收录。

002 红花酢浆草

学名 **Oxalis corymbosa** DC.　　属名 酢浆草属

形态特征　多年生草本，高约32cm。地下具球状鳞茎，无地上茎。掌状三出复叶基生；小叶片扁圆状倒心形，1～4cm×1.5～6cm，先端凹入，两侧角圆形；叶柄长5～30cm。聚伞花序呈复伞形状，总花梗、花梗、苞片、萼片、果均被毛；花直径约2.2cm；萼片先端有2枚暗红色小腺体；花瓣倒心形，内面粉红色，基部淡绿色，有红色脉纹，外面苍白色，略带淡绿色。蒴果长约2cm。花果期4—11月。

生境与分布　归化种。原产于南美洲。全市各地有栽培或逸生；生于路边、宅旁、水岸等处。

主要用途　红花绿叶，相互衬映，常栽于草坪边缘或作花坛、花境，供观赏。

附种1　**关节酢浆草** ***O. articulata***，地上具膨大关节状茎；花色较深，淡紫红色，基部紫色。原产于南美洲。全市各地有栽培。

附种2　**紫叶酢浆草** ***O. triangularis***，叶片呈等腰三角形，上面玫红，背面深红。原产于南美洲。全市各地有栽培。

关节酢浆草

紫叶酢浆草

二 牻牛儿苗科 Geraniaceae*

003 野老鹳草

学名 **Geranium carolinianum** Linn. 属名 老鹳草属

形态特征 一年生草本，高 20～80cm。茎直立或斜卧，单一或分枝，具棱角；嫩枝与叶柄密被倒向柔毛。基生叶早枯，茎生叶互生或上部者对生；叶片圆肾形，2～3cm×4～7cm，基部心形，掌状 5～7 深裂至近基部，裂片再 3～5 浅裂至中裂，两面被短柔毛。花成对集生于茎顶或上部叶腋，被长腺毛；花瓣淡红色。蒴果长约 2cm，顶端具长喙。花期 4—7 月，果期 5—9 月。

生境与分布 归化种。原产于北美洲。全市各地有逸生；生于路边、沟旁、荒地草丛中。

主要用途 全草入药，具祛风收敛、止泻之功效。

* 本科宁波有 2 属 7 种，其中栽培 2 种、2 杂交种，归化 1 种。本图鉴收录 2 属 6 种，其中栽培 1 种、2 杂交种，归化 1 种。

004 东亚老鹳草 中日老鹳草

学名 **Geranium thunbergii** Sieb. ex Lindl. et Paxt.　属名 老鹳草属

形态特征　多年生草本，高达 50cm。茎平卧或斜升，多分枝，近方形，被倒生柔毛。叶对生；叶片五角状肾形或三角状近圆形，2～3cm×2～5.5cm，掌状 3～5 深裂，先端钝或急尖，裂片有齿状缺刻或浅裂，被疏毛。花序腋生，具 (1～)2 花；花瓣紫红色。蒴果，连花柱长约 2cm，被短柔毛及长腺毛。花期 6—7 月，果期 8—10 月。

生境与分布　见于余姚、北仑、鄞州、奉化、宁海、象山；生于山坡、路旁、田野等潮湿地。产于全省丘陵山区；分布于华东、华中、西北；朝鲜半岛及日本也有。

主要用途　全草入药，具收敛、止泻之功效。

附种　**老鹳草** ***G. wilfordii***，茎上部有时具开展腺毛；叶片 3 深裂或中裂，下部者近 5 裂，裂片先端渐尖；花瓣淡红色至白色，有 5 条紫红色脉纹。见于余姚、北仑、鄞州；生于林下、路旁、溪边或灌草丛中。

老鹳草

005 天竺葵

学名 **Pelargonium × hortorum** Bailey　　属名 天竺葵属

形态特征 多年生直立草本，高达40cm。全体有特殊刺激气味。茎基部木质，上部肉质，多分枝，密被短柔毛和腺毛。单叶互生；叶片圆肾形，5～8cm×6～10cm，掌状脉5～7条，边缘波状浅裂，上面有暗红色马蹄形环纹。伞形花序腋生，具多花，被短柔毛；花梗长3～4cm，被柔毛和腺毛；花蕾下垂；花瓣红色、粉红或白色，长1.2～2.5cm，通常下面3枚较大或相等。蒴果被柔毛，熟时5瓣开裂。花4月以后盛开，温室栽培冬季也开放。

生境与分布 原产于非洲南部。全市各地普遍栽培。

主要用途 观赏花卉；花入药，具清热解毒之功效。

附种1 香叶天竺葵 *P.×graveolens*，叶片掌状5～7深裂，裂片再分裂为小裂片，具不规则钝锯齿；伞形花序与叶对生，花梗极短或近无梗，直立。原产于非洲南部。象山及市区等地有栽培。

附种2 马蹄纹天竺葵 *P. zonale*，叶片心状圆形，边缘有圆钝浅齿，上面有深而明显马蹄形环纹；花梗短；花瓣深红色，长0.8～1cm，上方2枚稍大。原产于非洲南部。镇海、北仑、奉化有栽培。

香叶天竺葵

马蹄纹天竺葵

三 旱金莲科 Tropaeolaceae*

006 旱金莲 金莲花

学名 **Tropaeolum majus** Linn. **属名** 旱金莲属（金莲花属）

形态特征 一年生或多年生草本。茎直立或蔓生，近肉质，无毛或被疏毛。单叶互生；叶片圆盾形，直径2～12cm，具主脉9条，全缘，有波状钝角，背面具疏毛和乳头状突起；叶柄盾状着生。花黄色、紫色、橘红色、乳白色或杂色，直径2.5～6cm；萼片之一延长为长2.5～3.5cm的距；下方3枚花瓣近基部呈流苏状。果扁球形，黄褐色。花果期3—11月。

生境与分布 原产于南美洲。全市各地有栽培。

主要用途 植株清秀，花色艳丽，供盆栽或露地栽培观赏；全草入药，具清热解毒、止血凉血之功效。

* 本科宁波栽培1属1种。本图鉴予以收录。

四　蒺藜科 Zygophyllaceae*

007 蒺藜

学名 **Tribulus terrestris** Linn.　　属名 蒺藜属

形态特征　一年生匍匐草本，长 20～60(～100)cm。全体被白色硬毛或绢丝状长柔毛。偶数羽状复叶互生；小叶 5～6 对；小叶片长圆形或长椭圆形，6～15mm×2～5mm，先端锐尖或钝，基部稍歪斜，被柔毛，全缘。花单生于叶腋；花瓣黄色。果直径约 1cm，分果瓣 5，每分果瓣具长短棘刺各 1 对，背部具短硬毛和瘤状突起。花期 5—9 月，果期 6—10 月。

生境与分布　见于象山；生于海岸沙地。产于萧山、婺城、普陀、天台；我国南北均有分布；全球温带也有。

主要用途　果、嫩茎叶入药，具散风、平肝、明目、催乳、通经、止痒之功效。

* 本科宁波有 1 属 1 种。本图鉴予以收录。

五 芸香科 Rutaceae*

008 松风草 臭节草

学名 **Boenninghausenia albiflora** (Hook.) Reich. ex Meisn. 属名 松风草属

形态特征 多年生草本，高达 80cm。全体具浓烈气味。茎分多枝，基部常木质化；嫩枝髓部大而中空。二回羽状复叶互生；小叶片倒卵形、菱形或椭圆形，1～2cm×0.5～1.8cm，全缘。聚伞花序顶生，具多花；花瓣 4，白色，稀先端淡红色。蓇葖果卵形，具油腺。花期 4—8 月，果期 9—10 月。

生境与分布 见于余姚、北仑、鄞州、奉化、宁海、象山；生于林下阴湿处、沟谷边灌草丛中。产于全省山区；分布于长江以南各地；东南亚、南亚及日本也有。

主要用途 全草入药，具清热、散淤、凉血、舒筋、消炎之功效。

* 本科宁波有 11 属 27 种 1 变种 2 变型 12 品种，其中栽培 8 种 5 杂交种 1 变种 1 变型 12 品种。本图鉴收录 9 属 23 种 2 变型 6 品种，其中栽培 7 种 2 杂交种 1 变型 6 品种。

009 酸橙

学名 **Citrus** × **aurantium** Linn. 属名 柑橘属

形态特征 常绿小乔木，高 5～6m。茎多分枝，多刺，枝三棱形。单身复叶互生；叶片卵状长圆形或倒卵形，5～10cm×2.5～5cm，全缘或具微波状锯齿；叶柄有狭长形或倒心形翅，翅宽 1～1.8cm。花芳香，直径约 3.5cm；花瓣白色。柑果近球形，橙黄色，直径 7～8cm，果皮厚，粗糙，不易剥离，瓤瓣 9～12，味酸。花期 4—5 月，果期 11 月。

生境与分布 原产于东南亚。余姚、北仑、鄞州、奉化、宁海、象山有栽培。

主要用途 果入药，具行气宽中、消食除胀、破气消积之功效。

附种 1 常山胡柚 'Changshanhuyou'，叶柄翅宽 2～6mm，倒披针形；柑果顶端具一圈铜钱状印纹或无，果皮光滑或稍粗糙，较易剥离，果肉味微酸，贮藏后变甜。江北、北仑、象山及市区有栽培。

附种 2 代代酸橙（代代花）**'Daidai'**，叶片椭圆形至卵状长圆形；柑果扁球形，冬季深橙色，至次年夏季变青绿色，果皮稍粗糙，熟后不易脱落，同一植株上能见三代果实并存。原产于印度。全市各地有栽培。

常山胡柚

代代酸橙

010 柠檬

学名 **Citrus × limon** (Linn.) Osbeck　　属名 柑橘属

形态特征　常绿小乔木。枝少刺或近无刺。嫩叶、花芽暗紫红色。单身复叶互生；叶片卵形或椭圆形，8～14cm×4～6cm；叶柄翅宽或狭，或仅具痕迹。花单生于叶腋或少花簇生；花瓣外面淡紫红色，内面白色。柑果柠檬黄色，椭球形或卵形，两端狭，顶部通常较狭长并有乳头状突尖，果皮厚，难剥离，富含柠檬香气，瓤瓣8～11，果汁酸至甚酸。花期4—5月，果期9—11月。

生境与分布　原产于东南亚。慈溪、江北等地有栽培。

主要用途　果入药，具化痰止咳、生津健胃之功效；果柠檬黄色，挂果时间长，供观赏。

011 柚 抛

学名 **Citrus maxima** (Burm.) Merr. 属名 柑橘属

形态特征 常绿乔木，高达10m。棘刺长，稀无刺；小枝扁，具棱。单身复叶互生；叶片宽卵形至椭圆形，7～20cm×4～12cm；叶柄翅常较宽，倒心形，宽0.5～3cm。花单生或簇生；花大，花瓣白色，外卷。柑果特大，梨形、球形或扁球形，直径12～30cm，淡黄色或黄绿色，果皮厚，难剥离，表面平滑，具浓香。花期4—5月，果期9—11月。

生境与分布 全市各地有栽培。

主要用途 著名水果，品种多；果皮、根、叶、种子入药；果皮可作蔬菜食用；叶色浓绿，大果长时间挂枝头，供观赏。

012 香橼 枸橼

学名 **Citrus medica** Linn.　　属名 柑橘属

形态特征　常绿小乔木或灌木。多长刺，刺长达4cm；嫩枝、嫩芽带紫红色。单叶互生；叶片椭圆形或卵状椭圆形，6～12cm×3～6cm，先端钝或急尖，边缘有锯齿；叶柄无翅，无关节。花蕾紫红色；花瓣内面白色，外面带紫红色。柑果淡黄色，椭球形、纺锤形或近球形，长10～25cm，顶端有1乳头状突起，果皮粗糙，难剥离，芳香，瓤瓣味酸。花期1—4月，果期10—11月。

生境与分布　分布于我国偏南地区；东南亚及印度至地中海地区也有。余姚、象山等地有栽培。

主要用途　果经糖渍后食用；果入药，具理气宽中、消食、祛痰之功效。

附种　佛手 **'Fingered'**，叶片先端钝，有时微凹；果实长卵球形，分裂如人指，其裂数即心皮之数，通常无种子，香气比香橼浓郁。余姚、北仑、鄞州、奉化、宁海、象山及市区有栽培。

佛手

013 柑橘

学名 **Citrus reticulata** Blanco　　属名 柑橘属

形态特征　常绿小乔木。分枝多，少具刺。单身复叶互生；叶片椭圆形至椭圆状披针形，5.5～8cm×2.5～4cm，先端常具凹口，边缘具细钝齿；叶柄翅狭窄或仅具痕迹。花单生或数朵簇生于叶腋；花瓣白色。柑果淡黄色、朱红色或深红色，常扁球形至近圆球形，果皮薄而松软，瓤瓣7～14，多汁，酸或甜。花期4—5月，果期9—12月。

生境与分布　原产于我国。全市各地有栽培。

主要用途　著名水果，品种多；果皮（陈皮）、幼果（青皮）、叶、种子、橘络入药；供观赏。

附种1　本地早 'Succosa'，柑果深橙黄色，扁球形，果皮稍粗糙，果顶有1小圆盘状凹入，其中央有乳头状突起，果皮疏松，极易剥离，果心较充实，果肉味甚甜；种子多数。原产于日本。宁海、象山有栽培。

附种2　温州蜜橘 'Unshiu'，枝无刺；柑果鲜橙黄色，扁球形，两端微凹入，果皮易剥离，果心中空，果肉味甜，无种子，稀具少数种子。原产于日本。宁海、象山等地常栽培。

本地早

温州蜜橘

014 臭辣树

学名 **Euodia fargesii** Dode　　属名 吴茱萸属

形态特征　落叶乔木，高达15m。树枝暗紫褐色，散生皮孔。奇数羽状复叶对生；小叶7，稀5或9～13；小叶片椭圆状披针形、卵状长圆形至披针形，6～11cm×2～6cm，基部偏斜，边缘有不明显钝锯齿，叶面油点稀少，叶缘齿缝处油点对光可见，叶背沿中脉两侧具灰长毛，或脉腋具簇毛。聚伞状圆锥花序顶生；花单性，细小。蓇葖果成熟时紫红色或淡红色。花期6—8月，果期9—10月。

生境与分布　见于全市丘陵山地；生于向阳山坡及山谷溪边林中、林缘。产于全省山区、半山区；分布于秦岭以南地区。

主要用途　果入药，具温中散寒、下气止痛之功效；秋色叶树种，供观赏。

015 吴茱萸

学名 **Euodia ruticarpa** (A. Juss.) Benth.　　属名 吴茱萸属

形态特征　落叶灌木或小乔木。小枝紫褐色，与幼枝、叶轴、总花梗均被锈褐色毛。奇数羽状复叶对生；小叶 5～9；小叶片卵形至椭圆形，6～15cm×3～7cm，先端渐尖或长渐尖，两侧对称或一侧基部稍偏斜，全缘或浅波浪状，两面密被长柔毛，叶面对光可见粗大油点。圆锥花序顶生；花单性异株；花瓣白色。蓇葖果暗紫红色，有粗大腺齿，果排列较疏散。花期 6—8 月，果期 9—10 月。

生境与分布　见于全市丘陵山区；生于海拔 720m 以下的疏林下或林缘。产于全省山区、半山区；分布于长江以南地区。

主要用途　幼果入药，具温中散寒、疏肝止痛之功效。

附种　**密果吴茱萸** form. ***meionocarpa***，小叶片长圆形，先端急尖或短渐尖，基部楔形；成熟果实在果序上密集成团，果序大小不一，呈金字塔状。见于余姚、宁海、象山；生于疏林下或林缘。

密果吴茱萸

016 金橘 罗浮

学名 **Fortunella margarita** (Lour.) Swingle 属名 金橘属

形态特征 常绿灌木，高2～4m。枝细密，嫩枝通常无刺。单身复叶互生；叶片披针形至长圆形，5.5～10cm×2～3cm，先端锐尖，基部楔形，全缘或下部边缘有不明显细锯齿；叶柄有狭翅。花单生或2～3朵集生于叶腋，芳香；花瓣白色。柑果金黄色，长球形或倒卵形，长2.5～3.5cm，顶端圆钝，果皮味甜，瓤瓣4～5，果肉味微酸。花期夏季，果期11—12月。

生境与分布 原产于广东、海南、广西。全市各地有栽培。

主要用途 果供鲜食或加工蜜饯；果、根、叶、核入药；供观赏。

附种1 金弹（宁波金橘）**'Chintan'**，枝无刺，有时具短刺，叶缘中部以上有明显锯齿；果倒卵形或宽卵形，长约2.8cm，果皮味甜，瓤瓣5～7，果肉味甘酸适度。全市各地有栽培。

附种2 金柑（圆金橘）***F. japonica***，枝有小刺；叶片长圆状披针形；果小，球形，直径约2.7cm。余姚、北仑、宁海、象山有栽培。

金柑

金弹

017 金豆

学名 **Fortunella venosa** (Champ. ex Hook.) Huang　属名 金橘属

形态特征　常绿矮小灌木，高约 1m。刺细尖，长 1～2cm。单叶互生；叶片椭圆形，2～4.5cm×1.1～2cm，先端圆钝或急尖，基部楔形，全缘或具浅钝齿；叶柄无翅。花单生或 2～3 朵腋生；花瓣白色。柑果橙红色，近球形，横径 5～11mm，味淡或略带苦味，瓤瓣 2～3。花期 4—6 月，果期 10—12 月（可延至次年 2 月）。

生境与分布　见于宁海、象山；生于林缘或滨海灌丛中。产于舟山及洞头、玉环、温岭等地；分布于江西、福建、湖南、香港。

主要用途　供制作盆景。

018 臭常山

学名 **Orixa japonica** Thunb. 属名 臭常山属

形态特征 落叶灌木，高1～3m。植株具浓烈气味。单叶互生；叶片卵形至倒卵状椭圆形，5～10cm× 2～5cm，散生半透明细油点，全缘或具甚细小圆锯齿。花单性异株；雄花序总状，腋生，长2～5cm，雌花单生；雌雄花形状、大小相似，淡黄绿色。蓇葖果，分果瓣近椭球形而两侧压扁，内有黑色种子1粒。花期3—4月，果期8—9月。

生境与分布 见于余姚、北仑、鄞州；生于疏林下或灌丛中。产于丽水及临安、文成、东阳、衢江、常山、天台、仙居等地；分布于秦岭以南至南岭以北各地；朝鲜半岛及日本也有。

主要用途 根、茎入药，有小毒，具清热利湿、调气镇咳、镇痛、催吐等功效。

019 枸橘 枳

学名 **Poncirus trifoliata** (Linn.) Raf.　　属名 枸橘属（枳属）

形态特征　落叶灌木至小乔木，高达5m。枝绿色，具纵棱，密生粗壮棘刺，刺长1～7cm，基部扁平。羽状三出复叶互生；小叶片等长或中间者较大，1.5～5cm×1～3cm；叶柄具翅。花常先叶开放，单生或成对腋生，芳香；花瓣黄白色或带淡紫色。柑果橙黄色，近球形，直径3～5cm，具茸毛，有香气，味酸而苦涩。花期4—5月，果期9—10月。

生境与分布　产于安吉；分布于我国中部。全市各地有栽培。

主要用途　果入药，具健胃理气、散结止痛等功效；叶、花、果可提取芳香油；常作柑橘属的砧木和绿篱。

020 茵芋

学名 **Skimmia reevesiana** (Fort.) Fort. 属名 茵芋属

形态特征 常绿灌木，高约1m。小枝灰褐色，具棱；髓中空。单叶互生，多集生于枝顶；叶片薄革质，狭长圆形或长圆形，7～11cm×2～3(～4.5)cm，先端短尖或短渐尖，基部楔形，通常全缘，上面有明显油点。圆锥花序顶生；花两性，5数；花瓣黄白色，芳香。浆果状核果，红色，近球形，长8～15mm。花期4—5月，果期9—11月。

生境与分布 见于余姚、宁海；生于山坡林下、沟边灌丛中。产于杭州、温州、衢州、丽水及新昌、武义、天台等地；分布于长江以南地区；菲律宾也有。

主要用途 枝、叶入药，治风湿痹痛；株型美观、叶色亮绿，花果俱美，供观赏。

021 飞龙掌血

学名 **Toddalia asiatica** (Linn.) Lam. 属名 飞龙掌血属

形态特征 常绿木质藤本。枝及叶轴有下弯锐皮刺，幼枝被锈褐色短柔毛。掌状三出复叶互生；小叶片倒卵形、椭圆形或倒卵状披针形，3～8cm×1.5～3cm，先端急尖或尾状长尖，叶缘有细钝齿或近全缘，具半透明油点；小叶无柄。花单性；雄花序伞房状，雌花序圆锥状，密被红褐色短柔毛；花淡黄白色。核果橘黄色至朱红色，近球形，直径8～10mm。花期10—12月，果期12月至次年2月。

生境与分布 见于象山；生于山坡疏林下、灌丛中。产于温州及开化、普陀、龙泉、景宁等地；分布于秦岭以南各地；亚洲热带、亚热带至非洲东部也有。

主要用途 根皮入药，具祛淤止痛之功效。

022 椿叶花椒

学名 **Zanthoxylum ailanthoides** Sieb. et. Zucc.　　属名 花椒属

形态特征　落叶乔木，高达15m。树干具鼓钉状大皮刺。小枝粗壮；髓部大，常中空或薄片状。奇数羽状复叶互生；小叶11～27；小叶片狭长圆形、椭圆形至长圆状披针形，7～13cm×2～4cm，边缘具浅钝锯齿，两面油点对光可见，叶背灰白色，粉霜状，干后暗苍青色。伞房状圆锥花序顶生，多花；花小，淡黄白色。蓇葖果红色，顶端具极短喙。花期7—8月，果期10—11月。

生境与分布　见于全市各地；生于山坡、山谷林中、溪边等处。产于全省滨海地区；分布于我国东南沿海及西南省份；日本也有。

主要用途　果可作调味料；种子可榨油；根皮及树皮入药，具祛风湿、通经络、活血散淤之功效；嫩叶可食；树形美观，供观赏。

附种　**大叶臭椒**（大叶臭花椒）***Z. myriacanthum***，小叶9～15；小叶片卵状长圆形或长圆形，宽3.5～7cm，叶背淡绿色，干后两面呈红棕色。见于余姚；生于山坡林中。

大叶臭椒

023 竹叶椒 竹叶花椒

学名 **Zanthoxylum armatum** DC.　　属名 花椒属

形态特征　常绿灌木，高达4m。枝具劲直扁皮刺。奇数羽状复叶互生；小叶3～5(～9)；小叶片通常披针形，3～12cm×1～3cm，顶生1片最大，边缘具细小圆齿，齿缝处具油点；叶轴及叶柄具宽翅。聚伞状圆锥花序腋生或生于侧枝顶；花小，黄绿色，花被片6～8。蓇葖果紫红色，具凸起油点。花期3—5月，果期8—10月。

生境与分布　见于除江北外的全市各地；多生于低山疏林下、林缘或灌丛中。产于全省山区、半山区；分布于秦岭以南各地；与我国东、南、西接壤的各国也有。

主要用途　果皮可代花椒作调料；果实、枝、叶可提取芳香油，入药具祛风散寒、行气止痛之功效；嫩叶及果可食。

024 日本花椒

学名 **Zanthoxylum piperitum** (Linn.) DC.　　属名 花椒属

形态特征　落叶灌木。叶基具刺2枚，刺长5～8mm。奇数羽状复叶互生；小叶9～19(～27)；小叶片披针形至狭卵形，1～3.5cm×0.6～1.2cm，顶端微凹，基部楔形，边缘具钝锯齿，叶面油点清晰，幼时被微柔毛；叶轴具狭翅；小叶无柄。雌雄异株；雄花黄色，雌花红色，小。蓇葖果红色至红褐色。花期4—5月，果期7—9月。

生境与分布　见于象山（檀头山岛）；生于山坡灌丛中。产于普陀；朝鲜半岛及日本也有。本种为本次调查发现的中国分布新记录植物。

主要用途　种子、嫩叶可作香料。

附种　**胡椒木** form. ***inerme***，叶基无刺或具极短刺；叶顶端近圆钝。原产于日本。全市各地有栽培。

胡椒木

025 花椒簕

学名 **Zanthoxylum scandens** Bl. **属名** 花椒属

形态特征 常绿木质藤本。茎具短弯钩刺。奇数羽状复叶互生；小叶15～31；小叶片卵形或卵状长圆形，4～8cm×1.5～3.5cm，先端长尾状渐尖，呈镰刀状弯向一侧，微凹缺，凹口有一油点，基部偏斜，全缘或具不明显细钝齿；叶轴具狭翅。伞房状圆锥花序腋生；花单性；花瓣淡绿色。蓇葖果红褐色至红色，分果瓣具短喙。花期3—4月，果期7—8月。

生境与分布 见于除慈溪外的全市各地；生于山地林下或灌丛中。产于全省大多数山区、半山区；分布于长江以南地区；东南亚也有。

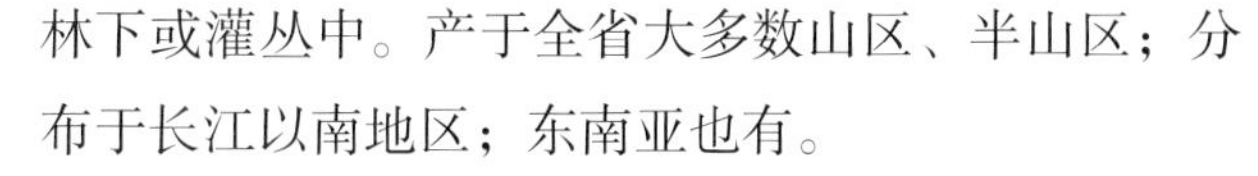

主要用途 根及果实入药，具活血散淤、镇痛、消肿解毒、祛风行气之功效；嫩叶、果可食。

026 青花椒

学名 **Zanthoxylum schinifolium** Sieb. et Zucc. 属名 花椒属

形态特征 落叶灌木，高1～3m。枝具短小皮刺。奇数羽状复叶互生；小叶11～29；小叶片披针形、椭圆状披针形、卵形、菱状卵形至椭圆形，1.5～4.5cm×0.7～1.5cm，先端急尖或钝，基部微偏斜，边缘有细锯齿，背面疏生油点。伞房状圆锥花序顶生；花瓣绿色至淡黄白色。蓇葖果紫红色。种子蓝黑色。花期8—9月，果期10—11月。

生境与分布 见于除江北外的全市各地；生于山坡林下或灌丛中。产于杭州、温州、湖州、舟山、台州、丽水等地；分布于辽宁以南大部分省份；朝鲜半岛及日本也有。

主要用途 果可代花椒作调料；根、叶、果入药，具发汗、散寒、止咳、除胀、消食之功效。

027 野花椒

学名 **Zanthoxylum simulans** Hance　　属名 花椒属

形态特征　落叶灌木，高达3m。枝干散生尖锐皮刺。奇数羽状复叶互生；小叶3～11；小叶片宽卵形、卵状长圆形或菱状宽卵形，2.5～6cm×1.8～3.5cm，先端急尖或钝圆，有时微凹，边缘具细钝齿，上面常有短刺状刚毛，背面中脉散生刚毛状小针刺，两面具半透明油点；叶轴有狭翅和皮刺。聚伞状圆锥花序；花单性；花瓣淡黄绿色。蓇葖果红色至紫红色，分果瓣基部有漏斗状短柄。花期3—5月，果期6—8月。

生境与分布　见于慈溪、余姚、北仑、鄞州、象山；生于低山灌丛中或溪边。产于杭州、湖州、舟山及诸暨、婺城、东阳、常山、开化、龙泉等地；分布于黄河以南地区。

主要用途　叶、果实可作调味料；果、叶、根入药，散寒健胃；嫩叶、果可食。

附种　花椒 ***Z. bungeanum***，皮刺大，基部极宽扁，叶面无小刺、无油点；分果瓣基部无漏斗状短柄。慈溪、鄞州、象山及市区有栽培。

花椒

六 苦木科 Simaroubaceae*

028 臭椿 樗

学名 **Ailanthus altissima** Swingle　属名 臭椿属

形态特征 落叶乔木，高达20m。树皮平滑，有直的浅裂纹；枝叶揉碎具特殊气味。奇数羽状复叶互生；小叶13～25；小叶片卵状披针形至披针形，7～14cm×2～4.5cm，先端长渐尖，基部偏斜，具1～2对粗腺齿。圆锥花序顶生；花小，杂性异株；花瓣淡绿色。翅果长椭圆形，熟时黄褐色，长3～5cm。种子1粒，位于翅中间。花期5—7月，果期8—10月。

生境与分布 见于全市各地；生于山坡、山谷林中及村旁、宅旁、路旁、水旁。产于全省各地；分布于辽宁以南、广东以北、甘肃以东地区；朝鲜半岛及日本也有。

主要用途 叶可饲椿蚕；树皮、根皮、果实入药，具清热利湿、收敛止痢之功效；种子可榨油；抗逆性强，树体雄伟，供绿化观赏；嫩叶可食。

* 本科宁波有2属2种。本图鉴全部收录。

029 苦木 黄楝树 苦树

学名 **Picrasma quassioides** (D. Don) Benn.　属名 苦木属

形态特征　落叶小乔木，高达10m。全株极苦。奇数羽状复叶互生；小叶9～15；小叶片卵形、卵状披针形至椭圆状卵形，5～10(～13)cm×2.5～5(～6.5)cm，边缘具不整齐疏钝锯齿，先端渐尖，侧生小叶基部均不对称。聚伞花序组成圆锥花序，腋生；花序轴及花梗密被棕色短柔毛；雌雄异株；花瓣黄绿色。核果近球形至椭球状倒卵形，长约7mm，熟后蓝绿色，萼宿存。花期4—5月，果期6—9月。

生境与分布　见于慈溪、余姚、北仑、鄞州、奉化、宁海、象山；生于山坡、山谷、沟边疏林中。产于全省山区、半山区；分布于黄河以南地区；朝鲜半岛及日本、印度也有。

主要用途　根、干、枝、树皮入药，具清热燥湿、健胃杀虫之功效；皮、叶均有毒，可制土农药；嫩叶可食。

七　楝科 Meliaceae*

030 米兰 米仔兰

学名 **Aglaia odorata** Lour.　　属名 米兰属（米仔兰属）

形态特征 常绿灌木。分枝密集，幼嫩部分常被脱落性锈色星状鳞片；小枝绿色，老枝带褐色，有皮孔。奇数羽状复叶互生；小叶3～5，对生；小叶片近革质，倒卵形至长圆状倒卵形，2～7cm×1～3.5cm，先端圆钝，基部狭楔形，全缘，两面无毛；叶轴有狭翅；近无柄。圆锥花序腋生；花杂性异株，形如小米，极芳香；花瓣黄色。浆果。花期5—11月。

生境与分布 分布于华南及福建、云南、四川等地；中南半岛也有。全市各地有栽培。

主要用途 花馥郁芳香，枝叶浓绿，常于室内盆栽观赏；也可提取芳香油及熏茶用。

* 本科宁波有3属4种1变种，其中栽培3种。本图鉴全部收录。

031 苦楝 楝树

学名 **Melia azedarach** Linn.　　属名 楝属

形态特征　落叶乔木，高达20m。小枝具灰白色皮孔。二至三回奇数羽状复叶互生；小叶片卵形、椭圆状卵形、卵状披针形至披针形，2～8cm×2～3cm，先端渐尖至长渐尖，基部楔形至圆形，略偏斜，边缘具粗钝锯齿。圆锥花序腋生；花芳香；花瓣紫色；花丝深紫色。核果近球形至椭球形，淡黄色，长1～2cm，4～5室。花期4—5(—6)月，果期10—12月，常宿存至次年春季。

生境与分布　见于全市各地，野生或栽培。产于全省各地；分布于黄河中下游以南地区；缅甸、印度也有。

主要用途　花、果、叶、枝干俱美，供绿化观赏；优良用材树种；树皮、叶、果入药，具驱虫、止痛、收敛之功效，也可制土农药。

附种　**川楝** ***M. toosendan***，二回羽状复叶；小叶全缘或部分具不明显疏锯齿；花瓣浅蓝紫色；花丝紫色；核果大，长约3cm，6～8室。慈溪、余姚、鄞州、宁海、象山有栽培。

川楝

032 红花香椿

学名 **Toona fargesii** A. Chev. 属名 香椿属

形态特征 落叶乔木，高达30m。小枝具皮孔，疏生短柔毛。偶数或奇数羽状复叶互生；小叶14～24；小叶片卵状椭圆形至卵状披针形，6～14cm×3～6cm，先端渐尖至尾状渐尖，基部圆钝，偏斜，全缘或波状，下面脉腋有簇毛，中脉密生短柔毛，侧脉被稀疏细柔毛。圆锥花序顶生。花瓣红褐色至紫黑色。蒴果下垂，深褐色，长椭球形，长2.5～3.8cm，有淡褐色皮孔。种子上端具长约7mm的膜质翅，下端翅长约为上端的2倍。花期5—6月，果期10—11月。

生境与分布 见于慈溪、余姚、北仑、鄞州、奉化、宁海、象山；生于山坡、沟谷阔叶林内。产于临安至普陀一线以南丘陵山区；分布于福建、湖北、广东、广西、云南、四川。

本种过去曾被鉴定为毛红椿 *T. ciliata* M. Roem. var. *pubescens* (Franch.) Hand.-Mazz.，但后者花瓣白色。

033 香椿

学名 **Toona sinensis** (A. Juss.) Roem. 属名 香椿属

形态特征 落叶乔木，高达25m。树皮灰褐色，浅纵裂，薄片状脱落；枝叶揉碎具特殊气味。偶数羽状复叶互生；小叶16～22(～32)；小叶片卵状披针形或卵状长椭圆形，9～15(～25)cm×2.5～4(～8)cm，先端尾尖，基部稍偏斜，全缘或有疏锯齿，下面脉腋具髯毛；叶柄红色，基部膨大。圆锥花序顶生；花具香气；花瓣白色。蒴果褐色，狭椭球形，长1.5～2cm，具苍白色皮孔。种子上端有膜质长翅。花期5—6月，果期8—10月。

生境与分布 产于全省各地；分布于华东、华中、华南、西南、华北等地。全市各地常见栽培。

主要用途 幼芽、嫩叶可作蔬菜，芳香可口；木材耐腐，黄褐色而具红色环带，纹理美丽，为珍贵用材；根皮、枝、叶、果入药；树体高大，复叶密集，供观赏。

八　远志科 Polygalaceae*

034 狭叶香港远志

学名 **Polygala hongkongensis** Hemsl. var. **stenophylla** (Hayata) Migo　属名 远志属

形态特征　多年生草本至半灌木，高15～35cm。根近木质化。单叶互生；叶片条形至条状披针形，2～5cm× 0.3～0.5cm，全缘，多少反卷，叶脉不明显。总状花序顶生，长3～6cm，花序轴无毛；萼片宿存，具缘毛，内2枚较大，花瓣状；花瓣3，白色或紫色，2/5以下合生，龙骨瓣盔状，背面顶端附属物呈流苏状。蒴果近球形，压扁状，直径约4mm，具宽翅。花期5—6月，果期6—7月。

生境与分布　见于慈溪、余姚、北仑、鄞州、奉化、宁海、象山；生于山坡疏林下、林缘、路旁或灌草丛中。产于全省山区、半山区；分布于华东及湖南、广西等地。

主要用途　全草入药，具益智安神、散淤、化痰、退肿之功效；花美丽，供观赏。

附种　香港远志 *P. hongkongensis*，茎下部叶较小，卵形，长1～2cm，向上渐大，长卵形或披针形，4～6cm×2～2.2cm；花序轴近无毛或被卷曲短柔毛。见于慈溪；生于低海拔山坡路边。

香港远志

* 本科宁波有1属2种1变种。本图鉴全部收录。

035 瓜子金

学名 **Polygala japonica** Houtt.　　属名 远志属

形态特征　多年生草本，高 10～35cm。根近木质化。茎、枝具纵棱，被卷曲短柔毛。单叶互生；叶片卵形至卵状披针形，1～3.6cm×0.5～1.5cm，先端急尖，有时具小尖头，基部圆钝或楔形，全缘，两面叶脉明显隆起。总状花序与叶对生或腋外生，内 2 枚萼片花瓣状；花瓣 3，白色或堇紫色，龙骨瓣舟状，具流苏状附属物。蒴果近球形，压扁状，直径 5～6mm，具宽翅。花期 4—5 月，果期 5—8 月。

生境与分布　见于余姚、北仑、鄞州、奉化、宁海、象山；生于山坡林缘、荒地、路边等处。产于全省山区、半山区；分布几遍全国；东北亚、东南亚及印度、巴布亚新几内亚也有。

主要用途　全草入药，具镇咳化痰、活血散淤、安神、解毒之功效；花美丽，供观赏。

九 大戟科 Euphorbiaceae*

036 铁苋菜

学名 **Acalypha australis** Linn. 属名 铁苋菜属

形态特征 一年生草本，高达60cm。茎伏生向上白毛。单叶互生；叶片卵形至椭圆状披针形，3～9cm× 1～4cm，先端渐尖至钝尖，基部渐狭或宽楔形，背面沿叶脉具硬毛；托叶披针形。穗状花序腋生；雌雄同序；雄花生于花序上部；雌花具叶状肾形苞片。蒴果棱台状半球形，直径约3mm，疏被毛。花期7—9月，果期8—10月。

生境与分布 见于全市各地；生于山坡、沟边、路旁、田野。全省各地广布；除西部高原或干燥地区外，我国大部分省份均有分布；东北亚、东南亚也有。

主要用途 全草入药，具清热解毒、利水消肿、止血、止痢、止泻之功效。

* 本科宁波有13属40种1变种，其中栽培6种，归化3种。本图鉴收录13属39种1变种，其中栽培5种，归化3种。

037 山麻杆

学名 **Alchornea davidii** Franch.　　**属名** 山麻杆属

形态特征　落叶灌木，高达3m。嫩枝、叶柄、子房密被黄褐色茸毛。单叶互生；叶片宽卵形或近圆形，7～15cm×6～18cm，先端短尖，基部心形，边缘具尖锯齿，上面绿色，疏生短柔毛，下面常带紫色，毛较密，基脉三出，基部有2枚刺毛状腺体。雄花簇密集成短穗状花序；雌花散生成总状花序，无梗。蒴果扁球形，直径8～10mm，密被毛。花期4—5月，果期6—8月。

生境与分布　产于杭州市区、建德、龙泉等地；分布于长江流域。慈溪、鄞州、宁海、象山及市区有栽培。

主要用途　春叶红艳，供观赏；茎皮纤维供造纸；茎、皮、叶入药，具解毒、杀虫、止痛之功效。

038 酸味子 日本五月茶

学名 **Antidesma japonicum** Sieb. et Zucc. 属名 五月茶属

形态特征 落叶灌木，高1～3m。小枝灰褐色，皮孔明显。单叶互生；叶片椭圆形至长圆状披针形，5～12cm×1.5～4cm，先端渐尖或短尖，基部楔形，全缘；两面沿叶脉有短柔毛；叶柄长3～7mm。总状或圆锥花序；花单性；无花瓣。核果卵形至椭球形，红色转黑色，长6～8mm，果梗纤细。花期5—6月，果期8—10月。

生境与分布 见于余姚、北仑、鄞州、宁海、象山；生于山坡林下、沟谷边。产于温州、台州、丽水及开化等地；分布于长江以南地区；东南亚及日本也有。

主要用途 全株入药，具祛风湿之功效；果色鲜艳，供观赏；果可食。

039 重阳木

学名 **Bischofia polycarpa** (Lévl.) Airy Shaw　　属名 重阳木属（秋枫属）

形态特征　落叶乔木，高达15m。树皮褐色至灰褐色，纵裂。三出复叶互生；小叶片宽卵形或椭圆状卵形，5～11cm×2～9cm，先端短尾尖，基部圆形至近心形，边缘具钝齿。总状花序腋生；花单性异株，与叶同放；花小。果实球形，浆果状，棕褐色，直径5～7mm。花期4—5月，果期8—10月。

生境与分布　原产于长江以南地区；日本、印度也有。全市各地有栽培。

主要用途　冠大荫浓，供绿化观赏；种子可榨油食用或作润滑剂；叶、根、树皮入药材用。

040 细齿大戟

学名 **Euphorbia bifida** Hook. et Arn. 属名 大戟属

形态特征 一年生草本，高 20～80cm。茎基部稍木质化，向上多分枝，每个分枝再作二歧分枝；茎节环状，明显。单叶对生；叶片长椭圆形至宽条形，1～2.5cm×0.2～0.5cm，先端钝尖或渐尖，基部不对称，边缘具细锯齿，齿尖有短尖。花序常聚生，稀单生；总苞杯状。蒴果三棱状，无毛。花果期 4—10 月。

生境与分布 见于全市各地；生于山坡、灌丛、路旁及林缘。产于杭州、湖州及衢江、天台；分布于华东、华南、西南地区；南亚、南洋群岛至澳大利亚也有。

无苞大戟 甘肃大戟

学名 **Euphorbia ebracteolata** Hayata　　属名 大戟属

形态特征　多年生草本，高 20～60cm。茎直立而单一，疏被柔毛。单叶互生；叶片倒披针形或卵状长椭圆形，6～9cm×1～2cm，先端钝圆，基部渐狭，全缘或微具细齿，背面疏被白色长柔毛；花序基部轮生叶较小。多歧聚伞花序，每伞梗再 2 分枝，每分枝基部有 2 枚苞叶；总苞钟形。蒴果球形，光滑无毛。花期 4—5 月，果期 6—7 月。

生境与分布　见于慈溪、余姚、奉化、宁海；多生于山坡林下。见于临安、龙泉等地；分布于黄河流域与长江流域等地。

乳浆大戟

学名 **Euphorbia esula** Linn　　属名 大戟属

形态特征　多年生草本，高达60cm。茎直立，无毛，自基部多分枝，下部常带紫红色；短枝和营养枝上叶密集。单叶互生；叶片条形至条状倒披针形，变化较大，1.5～7cm×0.4～0.8cm，先端钝、微凹或有细尖头，基部楔形至平截，全缘；无叶柄。多歧聚伞花序顶生，伞梗常3～5，每梗再2～3分枝；苞叶对生，半圆形或肾形；总苞杯状，腺体新月形。蒴果卵球形，直径3～5mm，无毛。花果期4—5月。

生境与分布　见于慈溪、余姚、奉化、象山；生于山坡草地、沙地。产于普陀等地；分布于除海南、贵州、云南、西藏外的全国各地；欧亚大陆广布，北美洲也有。

主要用途　全草入药，具拔毒止痒之功效。

043 泽漆

学名 **Euphorbia helioscopia** Linn.　属名 大戟属

形态特征　一年生或二年生草本，高达 30cm。茎直立，基部常带紫红色。单叶互生；叶片倒卵形或匙形，1～3cm×0.5～1.5cm，先端圆钝或微凹，边缘中部以上具细齿；花序基部具 5 枚轮生叶，较大。多歧聚伞花序顶生，常具 5 伞梗，其上再分出 2～3 小伞梗；总苞钟形。蒴果三棱状球形，光滑无毛。花期 4—5 月，果期 5—8 月。

生境与分布　见于全市各地；生于沟边、路旁、田头。产于全省各地；分布于我国绝多数省份；欧亚大陆和北非也有。

主要用途　全草入药，具清热、祛痰、利尿消肿、杀虫、止痒之功效；全草有毒。

飞扬草

学名 **Euphorbia hirta** Linn.　　属名 大戟属

形态特征 一年生草本，高 15～50cm。全体被淡锈色粗硬毛；茎常带紫红色。单叶对生；叶片长卵形至长卵状披针形，1～3cm×0.7～1.5cm，先端钝尖，基部略偏斜，边缘具细锯齿或近全缘。花序腋生，密集成头状；总苞钟状，腺体漏斗状。蒴果卵状三棱形。花果期 7—9 月。

生境与分布 归化种。见于慈溪、余姚、北仑、鄞州、奉化、宁海、象山；生于山坡、路旁、草丛中，沙质土上多见。产于杭州、温州、台州及武义等地；分布于长江以南地区；亚热带地区广布。

主要用途 全草入药，具清热解毒、利湿止痒之功效。

045 地锦草

学名 **Euphorbia humifusa** Willd.　　属名 大戟属

形态特征　一年生匍匐草本。茎多分枝，纤细，常紫红色，无毛。单叶对生；叶片长圆形，5～15mm×3～8mm，先端钝圆，基部常偏斜，边缘具细锯齿；叶柄长约1mm。杯状花序单生于叶腋；总苞浅红色，倒圆锥形，顶端4裂。蒴果三棱状球形，光滑无毛。花期6—10月，果实7月渐次成熟。

生境与分布　见于全市各地；生于低海拔荒地、路边草丛中。产于全省各地；全国广布；日本也有。

主要用途　全草入药，具祛风、解毒、利尿、通乳、止血、杀虫之功效。

附种　**小叶大戟** ***E. makinoi***，叶片椭圆状卵形，3～5mm×2～3.5mm，全缘或近全缘；叶柄长1～3mm；总苞近狭钟状。见于象山；生于干旱坡地。

小叶大戟

046 续随子

学名 **Euphorbia lathyris** Linn.　　属名 大戟属

形态特征　二年生草本，高达 1m。植株粗壮，全体无毛。单叶交互对生；茎下部叶条状披针形，中脉呈白色，上部叶卵状披针形，5～8cm×0.5～1cm，全缘，多少抱茎；花序基部数叶轮生。多歧聚伞花序顶生，伞梗 2～4，每梗再叉状分枝；苞叶 2，三角状卵形；总苞钟形，腺体新月形。蒴果三棱状球形，直径约 1cm。花期 4—7 月，果期 6—9 月。

生境与分布　原产于欧洲。慈溪、江北、北仑、鄞州、奉化、宁海有栽培或逸生。

主要用途　种子、叶、白色乳汁入药；全草有毒。

047 斑地锦

学名 **Euphorbia maculata** Linn.　　属名 大戟属

形态特征　一年生匍匐草本。全体被白色柔毛。茎细弱，多分枝。单叶对生；叶片长圆形或倒卵形，4～8mm×2～5mm，先端钝圆或微凹，基部常偏斜，边缘疏生不明显细锯齿，上面近中央常有紫褐色斑纹。杯状花序，单一或组成聚伞花序，腋生；总苞倒圆锥形，顶端4裂。蒴果三角状卵形，被白色细柔毛。花期6—10月，果实7月渐次成熟。

生境与分布　归化种。原产于北美洲。全市各地有逸生；生于路旁、荒地等处。

主要用途　全草入药，具祛风、解毒、利尿、通乳、止血、杀虫之功效。

附种1　匍匐大戟 ***E. prostrata***，茎无毛或被少许柔毛；叶片上面无紫褐色斑纹；总苞顶端5裂；果仅棱上疏被白色柔毛。归化种。原产于美洲。见于全市各地；多生于路旁、荒地。本种为本次调查发现的浙江归化新记录植物。

附种2　千根草 ***E. thymifolia***，叶两面被细柔毛，上面无紫褐色斑纹；总苞顶端5裂。见于慈溪、余姚、象山；生于路旁、荒地等处。

匍匐大戟

千根草

048 铁海棠 虎刺梅

学名 **Euphorbia milii** Des Moul.　属名 大戟属

形态特征　直立或攀援性灌木，高达1m。茎具纵棱，密生锥状棘刺，刺长1～2.5cm。单叶互生，常生于嫩枝上；叶片倒卵形至长圆状匙形，3～7cm×1.5～3cm，先端圆钝，具小尖头，基部渐窄，全缘或浅波状；无叶柄。杯状花序2～4个生于枝顶，再组成二歧聚伞花序；总苞钟状；苞片2，鲜红色，肾形，宽1～1.4cm。蒴果。花期全年，盛于秋冬季节。

生境与分布　原产于马达加斯加。全市各地有栽培。

主要用途　花美丽，供室内栽培观赏；根、茎、叶、乳汁、花入药；全株有毒。

049 大戟

学名 **Euphorbia pekinensis** Rupr.　　**属名** 大戟属

形态特征　多年生草本，高达70cm。根粗壮，圆锥形。茎直立，被白色卷曲柔毛。单叶互生；叶片长椭圆状披针形至披针形，3～8cm×0.5～1.5cm，先端钝或尖，全缘或具稀疏细锯齿；叶背有时稍被白粉；无柄；花序基部有轮生叶5片。杯状聚伞花序；顶生者伞梗5～7，腋生者伞梗单一；苞叶2～3，卵状长圆形或宽卵形；总苞坛形；花柱分离。蒴果三棱状球形，具刺状疣。种子腹面具浅色条纹。花期5—6月，果期7—9月。

生境与分布　见于余姚、奉化、宁海；多生于山坡、路边、疏林下、荒地中。产于杭州市区、临安、普陀、天台、遂昌等地；除新疆、西藏外，分布几遍全国；朝鲜半岛及日本也有。

主要用途　根入药，称“京大戟”，具逐水通便、消肿散结之功效。

附种1　湖北大戟 ***E. hylonoma***，叶具短柄；花序基部有轮生叶3～5枚；花序顶生者具伞梗2～5；蒴果分果瓣背部有2列稀疏平钝的疣状突起。见于余姚、宁海；生于山坡溪边湿地。

附种2　岩大戟（大狼毒）***E. jolkinii***，叶片卵状长圆形、卵状椭圆形或椭圆形；苞片2，卵圆形或近圆形；花柱中部以下合生；种子无纹饰。见于象山；生于海滨砾石滩潮上带附近、山坡路旁。

湖北大戟

岩大戟

050 钩腺大戟

学名 **Euphorbia sieboldiana** Morr. et Decne　　属名 大戟属

形态特征　多年生草本。根状茎粗壮，基部具不定根；茎单一或自基部多分枝。单叶互生；叶片椭圆形至倒卵状披针形，2～6cm×0.5～1.5cm，先端钝尖或渐尖，基部渐狭或呈狭楔形，全缘；总花序基部有3～5叶；叶柄极短或无。花序单生于二歧分枝顶端，伞梗3～5；总苞杯状，腺体新月形，两端具角。蒴果三棱状球形，光滑。花果期4—9月。

生境与分布　见于余姚、鄞州、奉化、宁海；生于山地林下、田间阴湿处。产于临安、桐庐、诸暨、新昌、婺城、磐安、天台、莲都、缙云等地；分布于全国大部分省份；东北亚也有。

主要用途　根状茎入药，具泻下、利尿之功效，但有毒，须慎用。

051 一叶萩

学名 **Flueggea suffruticosa** (Pall.) Baill.　　属名 一叶萩属（白饭树属）

形态特征　落叶灌木，高1～2m。全体无毛。小枝灰绿色，具棱。单叶互生；叶片椭圆形或倒卵状椭圆形，3～6cm×1.5～2.5cm，先端钝圆或急尖，基部楔形，全缘，下面粉绿色。花单性异株；无花瓣；雄花3～12朵簇生于叶腋；雌花单生于叶腋。蒴果三棱状扁球形，熟时黄绿色，直径3～5mm。花期6—7月，果期8—9月。

生境与分布　见于慈溪、余姚、北仑、鄞州、奉化、象山；生于山坡、谷地、溪边灌丛中。产于全省山区、半山区；分布于华东、东北、华北、华中、西南及宁夏、甘肃、陕西等地。

主要用途　枝叶密集，姿态优雅，供观赏。

052 算盘子

学名 **Glochidion puberum** (Linn.) Hutch. 属名 算盘子属

形态特征 落叶灌木或小乔木。小枝被锈色或黄褐色短柔毛；叶、花萼、果被柔毛。单叶互生；叶片长圆形或长圆状披针形，3～8cm×1.5～3cm，先端短尖或钝，基部宽楔形，背面浅绿色，全缘。雌雄同株；雄花生于小枝上部或雌、雄花同位于一叶腋内，花小。蒴果扁球形，直径1～1.5cm，具5～8(～10)条纵沟槽。种子红色。花期5—6月，果期6—10月。

生境与分布 见于全市各地；生于山坡、谷地、溪边、山麓灌丛中。产于全省各地；分布于秦岭以南各地。

主要用途 根、茎、叶、果均入药，具活血散淤、消肿解毒、止痢止泻之功效。

附种 **湖北算盘子 *G. wilsonii***，全体无毛或近无毛；叶片背面灰绿色；雄花生于小枝下部；蒴果直径1.5～2.5cm。见于余姚、鄞州、奉化、宁海；生于山坡、路旁灌丛中。

湖北算盘子

053 台闽算盘子

学名 **Glochidion rubrum** Bl.　　**属名** 算盘子属

形态特征　落叶或半常绿灌木，高2～3m。单叶互生；叶片革质，倒卵形、椭圆形或卵状披针形，5～13cm×2～4.5cm，先端钝至渐尖，基部急尖至钝，两侧略不对称，叶面光亮，无毛或仅中脉、叶柄被微毛；叶柄连同中脉基部常带紫红色。团伞花序腋生。蒴果扁球状，直径6～10mm，具3～5条纵沟槽，无毛或微被毛。花期5—9月，果期10—11月。

生境与分布　见于象山；生于海滨山地林中。产于浙江沿海地区。分布于福建、台湾；东南亚及日本、印度也有。

054 白背叶

学名 **Mallotus apelta** (Lour.) Müll. Arg. 属名 野桐属

形态特征 落叶灌木或小乔木状，高 2～4m。全体密被白色或淡黄色星状柔毛。单叶互生；叶片宽卵形，不分裂或 3 浅裂，5～13cm×3～10cm，先端渐尖，基部圆形或宽楔形，边缘具疏锯齿，下面具黄色腺体，被灰白色星状茸毛所覆盖，三出脉，基部有 2 腺体。穗状花序顶生，分枝或不分枝；花单性同株。果序圆柱形，下垂；蒴果密被软刺。花期 5—6 月，果期 8—10 月。

生境与分布 见于全市各地；生于阔叶林中或林缘。产于全省山区、半山区；分布于长江以南地区。

主要用途 种子可榨工业用油；根、叶入药，具清热活血、收敛祛湿之功效。

055 日本野桐 野梧桐

学名 **Mallotus japonicus** (Thunb.) Müll. Arg.　属名 野桐属

形态特征　落叶灌木或小乔木，高2～5m。嫩枝、叶柄、花序均密被褐色星状毛或茸毛。单叶互生；叶片厚纸质，宽卵形或菱状卵形，8～15cm×5～12cm，先端渐尖，基部圆形或宽楔形，全缘或微3裂，背面疏生星状毛和黄色腺体，三出脉，近基部有2腺体。总状花序呈圆锥状；花单性异株。果序直立或斜垂；蒴果密被软刺和紫红色腺点。花期(5～)6—7月，果期8—10月。

生境与分布　见于全市沿海各地；多生于沟谷、溪边或灌丛中，在滨海地区可成为群落建群种。产于全省沿海地区；分布于江苏、福建、台湾；日本也有。

主要用途　根、花、叶入药，具清热解毒、收敛止血之功效；春叶、秋叶色彩丰富，供观赏；种子可榨油，供工业用。

附种　野桐 ***M. subjaponicus***，叶片纸质，宽卵形或近圆形，微3裂或全缘；总状花序不分枝。见于全市各地山区；多生于沟谷、溪边、山地阔叶林及灌丛中。

野桐

056 粗糠柴

学名 **Mallotus philippensis** (Lam.) Müll. Arg. 属名 野桐属

形态特征 常绿小乔木，高达7m。小枝、叶柄、花序均被褐色星状毛；叶背、花萼、果具红色腺点。单叶互生；叶片披针形、卵状披针形或长圆形，7～15cm×2～6cm，先端渐尖，基部圆形或宽楔形，全缘或微具锯齿，背面密被红褐色星状毛，三出脉，基部具2腺体。总状花序顶生或腋生，成束或单一；花单性同株。蒴果近球形，直径6～8mm，橙红色或橙黄色。花期4—6月，果期6—9月。

生境与分布 见于象山；生于阔叶林或灌丛中。产于杭州、温州、衢州、台州等地；分布于长江以南地区；东南亚及澳大利亚也有。

主要用途 果实的腺毛及毛茸、根入药，但有毒，须慎用；种子可榨工业用油；叶色亮绿，供绿化观赏。

057 卵叶石岩枫 石岩枫

学名 **Mallotus repandus** (Willd.) Müll. Arg. var. **scabrifolius** (A. Juss.) Müll. Arg. 属名 野桐属

形态特征 落叶攀援状灌木。幼枝、花序密被星状毛或茸毛；叶背、花萼、果具黄色腺点；侧枝常呈棘刺状。单叶互生；叶片长卵形或菱状卵形，5～10cm×2.5～5cm，先端渐尖，基部近圆形、平截或微心形，全缘或波状，基脉3出。花单性异株；雄花成顶生圆锥花序，雌花为总状花序。蒴果球形，直径3～4mm，被锈色星状毛。花期5—6月，果期6—9月。

生境与分布 见于全市丘陵山地；常生于溪边、林缘灌丛中。产于全省山区、半山区；分布于秦岭以南地区；东南亚及印度、澳大利亚也有。

主要用途 根入药，具祛风除湿、活血通络、解毒消肿、驱虫止痒之功效；枝干遒劲，秋叶变黄，供观赏。

058 山靛

学名 **Mercurialis leiocarpa** Sieb. et Zucc. 属名 山靛属

形态特征 多年生草本，高 20～40cm。具根状茎。茎直立，具 4 棱。单叶对生；叶片长椭圆形、长卵形或披针形，4～10cm×2～3.5cm，先端渐尖，基部钝圆或宽楔形，边缘具钝锯齿，两面疏被硬毛。穗状花序腋生；花小，单性异株或同株。蒴果双球形，具少数疣状突起及硬毛。花期 4—7 月，果期 5—8 月。

生境与分布 见于余姚、北仑、鄞州、奉化、宁海、象山；生于海拔 1000m 以下的山坡、路边阴湿处。产于临安、安吉、东阳、武义、常山、黄岩、遂昌、龙泉等地；分布于华中、华南、西南及江西、台湾等地；朝鲜半岛及日本也有。

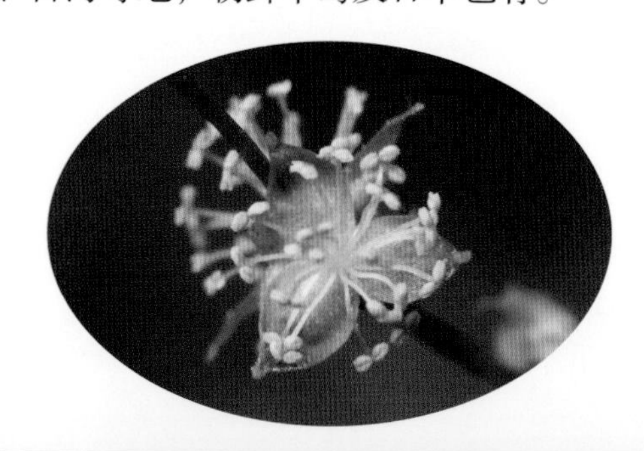

059 落萼叶下珠

学名 **Phyllanthus flexuosus** (Sieb. et Zucc.) Müll. Arg. **属名** 叶下珠属

形态特征 落叶灌木，高达3m。全体无毛。单叶互生；叶片椭圆形至宽卵形，2.5～4.5cm×1.5～2.5cm，先端钝或具小尖头，基部圆形或宽楔形，全缘或微波状，背面灰白色。花单性同株或异株；无花瓣；雄花萼片4～5，雄蕊4～5枚，或因部分花丝合生而呈2～3枚状。蒴果浆果状，紫黑色，扁球形，直径约6mm，花萼脱落。花期5—6月，果期7—10月。

生境与分布 见于慈溪、余姚、北仑、鄞州、奉化、宁海、象山；生于低山山坡、沟谷阔叶林中或路旁。产于全省山区、半山区；分布于长江以南地区。

附种 **青灰叶下珠 *P. glaucus***，叶背青灰色；雄花萼片5，雄蕊5枚，花丝全部分离；花萼果时宿存。见于余姚、北仑、鄞州、奉化、宁海、象山；生于低海拔林下、路旁。

青灰叶下珠

060 蜜柑草 蜜甘草

学名 **Phyllanthus matsumurae** Hayata　　属名 叶下珠属

形态特征 一年生草本，高达70cm。全体无毛。茎分枝二列状斜上举，细长，具棱。单叶互生；叶片条形或披针形，1～2cm×0.3～0.5cm，先端尖，基部渐狭。花1至数朵生于叶腋；单性同株；雄花萼片4。蒴果扁球形，直径约3mm，光滑。花期7—8月，果期9—10月。

生境与分布 见于全市各地；多生于低海拔路旁草丛中。产于全省各地；分布于华东及湖北、湖南、广东、广西等地。

061 叶下珠

学名 **Phyllanthus urinaria** Linn. 属名 叶下珠属

形态特征 一年生草本，高达 60cm。茎分枝平展，具翅状条棱。单叶互生，呈 2 列；叶片长圆形，7～18mm×4～7mm，先端钝或有小尖头，基部圆形或宽楔形，常偏斜，全缘，背面灰白色。花单性同株；雄花 2～3 朵簇生，雌花单生；雄花萼片 6。蒴果赤褐色，扁球形，直径约 2.5mm，表面有小鳞片状凸起。花期 5—7 月，果期 7—10 月。

生境与分布 见于全市各地；生于低海拔山坡、田间、路边草丛中。产于全省各地；分布于长江以南地区。

主要用途 全草入药，具清肝明目、泻火消肿、收敛利水、解毒消积之功效。

062 蓖麻

学名 **Ricinus communis** Linn. 属名 蓖麻属

形态特征 一年生草本，高达2m；有时越冬残株可萌发新株。茎中空，上部分枝，幼时粉绿色。单叶互生；叶片盾状着生，圆形，直径20～60cm，常5～11裂，边缘具不规则锯齿。圆锥花序；花序下部为雄花，上部为雌花；花柱红色。蒴果长球形或近球形，直径约1.5cm，常具软刺。种子具白色斑纹，有加厚种阜。花期7—9月，果期9—11月。

生境与分布 原产于非洲。全市各地有栽培或逸生。

主要用途 重要油料植物，在工业上用途广；种子、种油、根、叶入药；全草有毒。

063 白木乌桕

学名 **Sapium japonicum** (Sieb. et Zucc.) Pax et Hoffm.　属名 乌桕属

形态特征　落叶灌木或小乔木，高3～8m。具乳汁。单叶互生；叶片椭圆状卵形或椭圆状长倒卵形，6～15cm×3～7cm，先端尖或短尖，基部楔形至微心形；叶柄长1～2.5cm，顶端有2腺体。总状花序顶生；雄花3至数朵簇生于花序上部，雌花单生于花序基部。蒴果黄褐色，三棱状球形，直径1.5～2cm。种子球形，表面有黑褐色斑纹，无蜡质假种皮。花期5—6月，果期8—10月。

生境与分布　见于余姚、北仑、鄞州、奉化、宁海、象山；生于沟谷、山坡阔叶林中。产于杭州、金华、衢州、台州、丽水及新昌等地；分布于长江中下游以南地区；朝鲜半岛及日本也有。

主要用途　秋叶鲜艳，供观赏；种子可榨油；根皮、叶入药，具散淤消肿、利尿之功效。

064 乌桕

学名 **Sapium sebiferum** (Linn.) Roxb. 属名 乌桕属

形态特征 落叶乔木，高达15m。具乳汁；树皮深纵裂。单叶互生；叶片菱形或菱状卵形，3～7cm×3～9cm，长、宽略相等，先端突尖、渐尖或尾尖，基部楔形；叶柄顶端有2腺体。总状花序顶生；雄花常10～15朵簇生于花序上部，雌花单生于花序下部。蒴果梨状球形，直径1～1.5cm，木质。种子球形，黑色，被白色蜡质假种皮。花期5—6月，果期8—10月。

生境与分布 见于全市各地，常栽培。全省及长江中下游以南地区广泛分布，常栽培；日本、越南、印度也有。

主要用途 传统木本油料树种；根皮、叶入药，具消肿解毒、利尿泻下、杀虫之功效；嫩叶猩红，秋叶艳丽，白色果实长时间挂枝头，供观赏。

附种 **山乌桕** ***S. discolor***，叶片椭圆状卵形，5～10cm×2.5～5cm，长为宽的2倍及以上，先端急尖或短渐尖，基部宽楔形或近圆形；雄花5～7朵簇生于花序上部。见于宁海；生于山坡林中。

山乌桕

065 油桐 三年桐

学名 **Vernicia fordii** (Hemsl.) Airy Shaw　属名 油桐属

形态特征 落叶小乔木，高达8m。单叶互生；叶片卵形或宽卵形，10～20cm×4～15cm，先端短尖或渐尖，基部截形或心形，全缘，有时3浅裂；叶柄顶部有2枚扁平红色腺体。圆锥状聚伞花序顶生；花单性同株，先叶开放；花瓣白色，有淡红色条纹，近基部有黄色斑点。核果球形，大，光滑，顶端有短尖。花期4—5月，果期7—10月。

生境与分布 见于全市丘陵山地；多生于山坡路边、林缘，常栽培。全省山区、半山区及我国长江以南广泛栽培；越南也有。模式标本采自宁波。

主要用途 特用木本油料树种；花、叶、形俱美，供观赏；全体入药，具消肿、杀虫之功效。

附种 **木油桐**（千年桐）***V. montana***，中乔木，高可达15m；叶片全缘或2～5中裂；叶柄顶端有2枚杯状具柄腺体；核果具3条纵棱，棱间有粗网状皱纹。余姚、鄞州、奉化、宁海有栽培。

木油桐

十　虎皮楠科 Daphniphyllaceae*

066 虎皮楠

学名 **Daphniphyllum oldhami** (Hemsl.) Rosenth.　属名 交让木属（虎皮楠属）

形态特征　常绿乔木，高达15m。单叶互生；叶片纸质或薄革质，长圆形、倒卵状椭圆形至椭圆状披针形，8～16cm×3～5cm，先端渐尖或短尖，基部楔形，叶背被白粉，具细小乳头状突起，侧脉7～12对。总状花序腋生；无花瓣；雌花萼片早落，无退化雄蕊。核果椭球形，暗红色渐变为黑色，稀具瘤状突起。花期3—5月，果期8—11月。

生境与分布　见于鄞州、奉化、宁海、象山；多生于山坡阔叶林中。产于温州、台州、衢州、丽水及临安、武义、普陀等地；分布于长江以南地区。

主要用途　根、叶入药，具清热解毒、活血散淤之功效；树形美观，供园林观赏。

附种1　琉球虎皮楠 *D. luzonense*，灌木或小乔木，高1～5m；叶片厚革质，矩圆形或长椭圆形，4.5～8.2cm×2～3.5cm，先端钝尖。见于象山（铜山岛）；生于滨海山坡灌丛中、林中及岩石海岸石缝中。本种为本次调查发现的中国大陆分布新记录植物。

附种2　交让木 *D. macropodum*，叶片革质，椭圆形、长圆状椭圆形至倒披针形，背面无乳头状突起，侧脉9～15对；叶柄常紫红色；雌花基部有退化雄蕊10枚。镇海、鄞州有栽培。

* 本科宁波有1属3种，其中栽培1种。本图鉴全部收录。

琉球虎皮楠

交让木

十一　水马齿科 Callitrichaceae*

067 沼生水马齿

学名 **Callitriche palustris** Linn.　　属名 水马齿属

形态特征　一年生沼生或湿生草本，高 10～40cm。茎纤弱，多分枝。单叶对生；叶二型：浮水叶莲座状集生于茎顶，叶片倒卵形或倒卵状匙形，4～6mm×3mm，先端圆钝，基部渐狭成长柄，两面疏生褐色细小斑点，离基 3 出脉，脉先端联结；沉水叶匙形或近条形，6～12mm×2～5mm，无柄。花单性同株，单生于叶腋；花极小。蒴果倒卵状椭球形，长 1～1.5mm，上部边缘具翅。花果期 4—8 月。

生境与分布　见于全市各地；多生于低海拔沟渠、池塘、溪边浅水或阴湿地。产于全省各地；分布于华东、华中、西南、华北、东北各地；亚洲温带、欧洲和北美洲也有。

主要用途　因受水分环境变化的影响，体态常有较大变异。

* 本科宁波有 1 属 2 种。本图鉴收录 1 属 1 种。

十二　黄杨科 Buxaceae*

068 尖叶黄杨

学名 **Buxus aemulans** (Rehd. et Wils.) S. C. Li et S. H. Wu　属名 黄杨属

形态特征　常绿灌木，高约 3m。小枝四棱形。单叶对生；叶片卵状披针形、狭披针状卵形或菱状卵形，2～5cm×0.9～2.5cm，先端渐尖、急尖、圆钝或微凹，基部楔形，叶面具光泽，侧脉紧密，背面中脉无钟乳体。花密集成球形；雌花单生于花序顶端。蒴果近球形，长约 7mm，宿存花柱长 3mm。花期 5—6 月，果期 8—10 月。

生境与分布　见于宁海；生于溪边林下。产于温州、丽水及临安、衢江、普陀、仙居等地；分布于华东、华中及广东、广西、四川等地。

主要用途　树皮入药，用于风火牙痛；叶色亮绿，供观赏。

* 本科宁波有 2 属 4 种 1 变种 2 品种，其中栽培 1 种 1 变种 2 品种。本图鉴收录 2 属 4 种 1 变种 1 品种，其中栽培 1 种 1 变种 1 品种。

069 匙叶黄杨

学名 **Buxus harlandii** Hance　　属名 黄杨属

形态特征　常绿灌木，高0.5～1m。小枝四棱形，被短柔毛。单叶对生；叶片匙状披针形或狭倒披针形，2～4cm×5～9mm，先端圆钝，或浅凹缺，基部楔形，上面具光泽，中脉两面突起，侧脉和细脉在上面细密而显著，侧脉在下面不明显；叶柄不明显。头状花序，花密集；萼片长约2mm，不育雌蕊长为萼片的1/2。蒴果近球形，长7mm，宿存花柱长3mm。花期5月，果期10月。

生境与分布　原产于广东、海南。全市各地均有栽培。

主要用途　鲜叶、茎、根入药，具清热解毒、化痰止咳、祛风、止血之功效；株型紧凑，叶色亮绿，供观赏。

070 黄杨 瓜子黄杨

学名 **Buxus sinica** (Rehd. et Wils.) Cheng ex M. Cheng　　属名 黄杨属

形态特征 常绿灌木或小乔木，高1～6m。小枝四棱形，密被短柔毛。单叶互生；叶片具光泽，宽椭圆形、宽倒卵形至长圆形，先端圆钝，1.5～3.5cm×0.8～2cm，常微凹，基部圆钝或宽楔形，上面侧脉明显，背面中脉密被短线状白色钟乳体。头状花序腋生，花密集。蒴果近球形，长6～8(～10)mm；花柱宿存。花期3月，果期5—6月。

生境与分布 见于宁海、象山；生于山坡疏林中；全市各地有栽培。产于全省山区及海岛；分布于长江以南地区。

主要用途 材质优良，供车旋、雕刻等细木工用；根、叶入药，具祛风除湿、行气活血之功效；树形优美，叶色浓绿，供栽培观赏。

附种1 金叶黄杨 'Aurea'，新叶亮黄色，成熟后变为深绿色而具黄斑。慈溪、象山有栽培。

附种2 珍珠黄杨（小叶黄杨）var. ***parvifolia***，叶片宽椭圆形至宽卵形，较小，0.7～1cm×0.5～0.7cm。江北有栽培。

金叶黄杨

珍珠黄杨

071 顶花板凳果

学名 **Pachysandra terminalis** Sieb. et Zucc.　　属名 板凳果属

形态特征 常绿半灌木，高25～30cm。茎直立，根状茎，密生须状不定根；枝、叶密被极短腺毛。单叶互生，多集生于枝顶；叶片菱状倒卵形，2～6cm×1～2.5cm，先端急尖，基部楔形，渐狭成叶柄，边缘中部以上有数对粗齿，三出脉。穗状花序顶生，花序中上部为雄花，基部为雌花，有时最上1～2叶的叶腋又各生1雌花；花白色。核果卵形，白色，长5～6mm。花期4—5月，果期9—10月。

生境与分布 产于临安、安吉、庆元等地；分布于华中及安徽、四川、甘肃、陕西；日本也有。余姚、奉化等地有栽培。

主要用途 全株入药，具祛风止咳、舒筋活络、调经止带之功效；根有毒；可作园林地被，或盆栽观赏。

十三　漆树科 Anacardiaceae*

072 南酸枣

学名 **Choerospondias axillaris** (Roxb.) Burtt et Hill　**属名** 南酸枣属

形态特征　落叶乔木，高达20m。树皮片状剥落；小枝暗紫褐色。奇数羽状复叶互生；小叶7～13；小叶片卵形至卵状披针形，5～14cm×1.5～4cm，先端长渐尖，基部多偏斜，全缘（幼树之叶具锯齿）。雄花序为聚伞状圆锥花序，花瓣淡紫色；雌花单生于叶腋。核果椭球形或倒卵状椭球形，成熟时淡黄色，长2.5～3cm，顶端具5个圆孔。花期4—5月，果期9—10月。

生境与分布　见于慈溪、余姚、北仑、鄞州、奉化、宁海；生于山坡、沟谷地带，各地有栽培。产于杭州、温州、衢州、台州、丽水及德清、东阳、武义等地；分布于长江以南地区；中南半岛及日本、印度也有。

主要用途　果可生食、制酸枣糕或酿酒；树皮、果入药，具消炎解毒、止血止痛之功效；速生用材；冠大荫浓，供绿化观赏。

* 本科宁波有5属6种1变种1品种，其中栽培1种1品种。本图鉴收录5属5种1变种1品种，其中栽培1品种。

073 毛黄栌

学名 **Cotinus coggygria** Scop. var. **pubescens** Engl.　　属名 黄栌属

形态特征 落叶灌木，高2～4m。小枝被白色短柔毛。单叶互生；叶片近圆形或宽椭圆形，5～9cm×4～8cm，先端圆钝，基部圆形或宽楔形，全缘或微波状，背面至少叶脉被白色绢状短柔毛。圆锥花序顶生；花杂性；花小。核果红色，肾形，偏斜，宽约4mm。花期4—5月，果期7—9月。

生境与分布 见于慈溪、余姚、鄞州、奉化；生于山坡、沟边灌丛中。产于杭州、绍兴、金华、台州及缙云等地；分布于华中及江苏、山东、四川、贵州、陕西、山西。

主要用途 木材可提取黄色染料；枝、叶入药，具消炎、清热之功效；秋叶红艳，供观赏。

附种 **紫叶黄栌 'Purpureus'**，小枝赤褐色；叶片紫色。市区有栽培。

紫叶黄栌

074 黄连木

学名 **Pistacia chinensis** Bunge　　属名 黄连木属

形态特征 落叶乔木，高达20m。枝叶具特殊气味。偶数羽状复叶，稀奇数羽状复叶，互生；小叶10～16；小叶片披针形或卵状披针形，5～8cm×1.5～2.5cm，先端渐尖或长渐尖，基部斜楔形，全缘，主脉微被柔毛。圆锥花序腋生；花单性异株，先叶开放。核果扁球形，直径约5mm，熟时红色、紫蓝色。花期4月，果实6—10月。

生境与分布 见于全市各地；生于向阳山坡、沟谷林缘及河边、宅旁。产于全省各地；分布于华东、华中、华南、西南、西北、华北。

主要用途 秋季叶色红艳，供园林观赏；木材可提取黄色染料；材质优良，供制家具和作细木工用材；树皮、叶入药，具清热解毒之功效；嫩芽作蔬菜，也可代茶用；种子富含油脂，系能源树种。

075 盐肤木

学名 **Rhus chinensis** Mill.　　属名 盐肤木属

形态特征　落叶灌木至小乔木，高 2～10m。小枝、叶柄、叶背、花序均密被锈色柔毛；枝密布皮孔。奇数羽状复叶互生；小叶 7～13；小叶片卵形至卵状椭圆形，3～11cm×2～6cm，先端急尖，基部宽楔形至圆形，边缘疏生粗锯齿；叶轴和叶柄具叶状翅。圆锥花序顶生，宽大；花瓣白色。核果球形，略压扁，具柔毛，熟时橙红色，被盐霜。花期 8—9 月，果期 10 月。

生境与分布　见于全市各地；生于向阳山坡、沟谷边灌丛中或林缘、宅旁。产于全省山区、半山区；分布于我国暖温带以南地区。

主要用途　植株上寄生的“五倍子”可入药；幼枝、叶可作土农药；秋叶艳丽，供观赏。

076 野漆树

学名 **Toxicodendron succedaneum** (Linn.) O. Kuntze　属名 漆树属

形态特征　落叶乔木，高达 10m。全体无毛；顶芽粗大，紫褐色。奇数羽状复叶互生；小叶 9～15；小叶片长椭圆形至卵状披针形，6～12cm×2～4cm，先端渐尖或长渐尖，基部圆形或宽楔形，稍偏斜，全缘，背面常具白粉，有时带紫色。圆锥花序腋生；花瓣黄绿色。核果斜菱状扁球形，宽 7～10mm，淡黄色。花期 5—6 月，果期 8—10 月。

生境与分布　见于全市丘陵山地；生于山坡林缘、疏林下、溪沟边。产于全省山区、半山区；分布于华北至长江以南地区；朝鲜半岛、中南半岛及日本、印度也有。

主要用途　乳液可代生漆用；根、叶、树皮、果实入药，具平喘解毒、散淤消肿、止痛止血之功效；秋叶红艳，供观赏，但需注意漆酚过敏。

附种　**木蜡树** ***T. sylvestre***，冬芽、幼枝、叶柄、叶轴、叶背、花序被黄褐色柔毛；小叶片卵形至长圆形，上面中脉被卷曲毛，余被平伏微柔毛或无毛。见于全市丘陵山区；生于山坡疏林下、林缘或溪边。

木蜡树

十四 冬青科 Aquifoliaceae*

077 短梗冬青 波氏冬青

学名 **Ilex buergeri** Miq. 属名 冬青属

形态特征 常绿乔木或灌木，高达 10m。小枝具纵棱，密被短柔毛。单叶互生；叶片卵形至卵状披针形，4～9cm×1.5～3.5cm，先端渐尖，基部圆形或宽楔形，边缘疏生浅锯齿，中脉在叶片上面凹下，微被柔毛，侧脉不明显。花序簇生于叶腋。果球形或近球形，直径 4.5～6mm，熟时橙红色或橙黄色，具小瘤点；分核 4。花期 3—6 月，果期 7—12 月。

生境与分布 见于余姚、北仑、鄞州、奉化、宁海、象山；生于海拔 700m 以下的山坡、沟谷林中。产于浙西北至浙东、浙南山区；分布于长江以南多数省份；日本也有。

主要用途 果色鲜艳，供观赏。

* 本科宁波有 1 属 23 种 1 变种 5 品种，其中栽培 4 种 5 品种。本图鉴收录 1 属 20 种 1 变种 5 品种，其中栽培 2 种 5 品种。

078 冬青

学名 **Ilex chinensis** Sims　　属名 冬青属

形态特征　常绿乔木，高达13m。树皮暗灰色，光滑；全体无毛。单叶互生；叶片长椭圆形至狭披针形，5～14cm×2～5.5cm，先端渐尖，基部宽楔形，边缘具钝齿或疏锯齿。复聚伞花序腋生；单性异株；花淡紫色或紫红色。果椭球形，稀近球形，长10～12mm，熟时红色；分核4～5。花期4—6月，果期10—12月。

生境与分布　见于全市各地；生于山丘阔叶林中。产于全省各地；分布于长江以南地区；日本也有。

主要用途　四季常青，秋果红艳，供观赏，也作生物防火树种；根皮、叶入药，具清热解毒、凉血止血之功效。

079 枸骨 老虎刺

学名 **Ilex cornuta** Lindl. 属名 冬青属

形态特征 常绿灌木或小乔木，高3～8m。树皮灰白，光滑。单叶互生；叶片硬革质，(3～)4～8cm×2～4cm，二型，四方状长圆形，先端具刺状硬齿，中央刺齿常向下反曲，两侧有1～2对三角状尖硬刺状齿；或长圆形、倒卵状长圆形而全缘，先端仍有刺状硬齿。花序簇生于叶腋。果球形，直径8～10mm，熟时鲜红色；分核4。花期4—5月，果期9—12月。

生境与分布 见于全市各地；生于沟谷灌丛中、疏林下或路边，常栽培。产于全省各地；分布于长江中下游地区。

主要用途 叶形奇特，红果经冬不凋，供观赏；嫩叶可制枸骨茶；根、叶、果入药。

附种1 无刺枸骨 'Burfordii Nana'，叶一型，全缘，先端急尖成刺状。全市各地多栽培。

附种2 阿尔塔冬青 *I.*×*altaclerensis* 'Lawsoniana'，叶一型，边缘乳黄色（嫩时金黄色），具刺状硬齿，锯齿平或部分向上、向下反卷。鄞州及市区有栽培。

附种3 阳光狭冠冬青 *I.* ×*attenuata* 'Sunny Foster'，叶一型，叶片椭圆形至倒卵状椭圆形，新叶鲜黄色，老叶绿色，中上部呈不同程度黄色，冬叶暗红色，边缘疏具尖锐锯齿。全市各地有栽培。

无刺枸骨

阿尔塔冬青

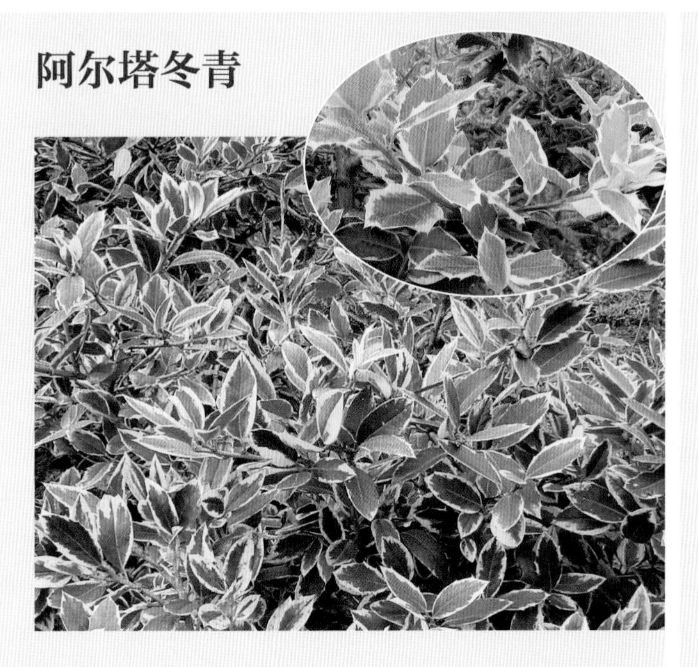

阳光狭冠冬青

080 钝齿冬青 齿叶冬青

学名 **Ilex crenata** Thunb. 属名 冬青属

形态特征 常绿灌木，高1～3m。小枝具纵棱，密被短柔毛。单叶互生；叶片细小，倒卵形或椭圆形，1～3.5cm×0.5～1.5cm，先端圆钝或锐尖，基部楔形或钝，边缘具钝齿或锯齿，背面密生褐色腺点。雄花序单生，稀假簇生，花白色；雌花单花，稀2～3花组成聚伞花序。果球形，直径6～7mm，熟时黑紫色；分核4。花期5—6月，果期10月。

生境与分布 产于温州、台州、丽水及开化、普陀等地；分布于华南及安徽、福建、台湾、湖北、湖南；朝鲜半岛及日本也有。慈溪、江北、鄞州、奉化、宁海、象山及市区有栽培。

主要用途 枝叶细密，供栽培观赏。

本种宁波常见的栽培品种有：龟甲冬青'Convexa'（叶面常龟甲状隆起），全市各地有栽培；金叶钝齿冬青'Gold Gem'（上部叶金黄色），北仑、鄞州有栽培。

龟甲冬青

金叶钝齿冬青

081 厚叶冬青

学名 **Ilex elmerrilliana** S. Y. Hu　　属名 冬青属

形态特征 常绿灌木或小乔木，高 4～7m。枝、叶无毛；小枝具纵棱。单叶互生；叶片厚革质，卵形、长椭圆形或椭圆形，4～12cm×1.5～4cm，先端短渐尖，基部楔形，全缘，中脉在叶片上面凹入；叶柄短，常带紫色。花序簇生于叶腋；雄花簇每分枝具 1～3 花，雌花簇每分枝具单花。果球形，直径 5mm，熟时红色；分核 5～7。花期 5 月，果期 7—10 月。

生境与分布 见于余姚、鄞州、奉化、宁海、象山；生于山坡、沟谷林中。产于温州、衢州、台州、丽水及建德、诸暨、婺城、东阳；分布于安徽、江西、福建、湖南、广东、广西、四川、贵州等地。

主要用途 叶色亮绿，果色鲜红，供观赏。

榕叶冬青

学名 **Ilex ficoidea** Hemsl.　　属名 冬青属

形态特征　常绿乔木，高达 12m。枝、叶无毛；小枝具棱。单叶互生；叶片卵形、卵状椭圆形至倒披针形，4.5～11cm×1.5～4cm，先端骤狭尾尖，尖头长达 15mm，基部钝、楔形或近圆形，边缘具不规则细圆齿，中脉在叶片上面凹入。聚伞花序或单花簇生于叶腋。果球形，直径 6mm，熟时红色，具细小瘤点；分核 4。花期 3—4 月，果期 10—11 月。

生境与分布　见于鄞州、奉化、宁海；生于海拔 800m 以下的山谷、沟边林中。产于温州、衢州、台州、丽水及淳安、婺城、武义等地；分布于长江以南地区；日本也有。

主要用途　根入药，具解毒、消肿止痛之功效；叶色亮绿，果色鲜艳，供观赏。

083 光枝刺叶冬青 光叶细刺枸骨

学名 **Ilex hylonoma** Hu et Tang var. **glabra** S. Y. Hu　属名 冬青属

形态特征 常绿小乔木，高7m。枝、叶、花序无毛；小枝略具棱。单叶互生；叶片长圆形、披针形、卵状披针形或椭圆形，6～12cm×2～4cm，先端渐尖，基部宽楔形，边缘具粗尖锯齿，齿端具弱刺，中脉在叶片上面凹入。花序簇生于叶腋。果椭球状或近球形，直径8～11mm，熟时红色；分核4。花期3—4月，果期8—12月。

生境与分布 见于慈溪、余姚、北仑、鄞州、奉化、宁海、象山；生于山地林下或溪边。产于杭州及诸暨、东阳、常山、天台、仙居、松阳、庆元等地；分布于湖南、广西、四川、贵州。

主要用途 叶入药，用于跌打损伤；果红色，供观赏。

084 全缘冬青

学名 **Ilex integra** Thunb.　　属名 冬青属

形态特征　常绿乔木，高 9m。树皮灰白色，平滑，后变粗糙。枝、叶无毛；小枝褐色，具纵棱。单叶互生；叶片厚革质，倒卵形、倒卵状椭圆形或椭圆形，4～7cm×1.5～3.5cm，先端圆钝，或具突尖，基部楔形，全缘，稀上部具 1～2 小齿，中脉在叶片上面凹入。花序簇生于叶腋。果球形，直径 1～1.3cm，熟时红色；分核 4。花期 3—4 月，果期 9—11 月。

生境与分布　见于象山；生于海滨山丘林中、海岸岩缝里。产于洞头、临海、玉环、普陀、岱山等地海岛；分布于福建；朝鲜半岛及日本也有。

主要用途　浙江省重点保护野生植物。抗风性强，耐干旱瘠薄，用于海岸防护和观赏。

085 皱柄冬青

学名 **Ilex kengii** S. Y. Hu　　**属名** 冬青属

形态特征　常绿乔木，高 10～15m。枝、叶无毛；小枝具纵沟。单叶互生；叶片卵形、椭圆形或卵状椭圆形，4～9cm×2～4cm，先端尾尖或渐尖，基部楔形或近圆形，全缘，中脉两面隆起，叶背具腺点；叶柄上面有狭深沟，下面皱缩。花序簇生于叶腋，雌花序每枝具 1～5 花。果球形，直径 3mm，熟时黄褐色或灰色；分核 4。花期 5 月，果期 8—11 月。

生境与分布　见于鄞州；生于疏林中。产于文成、江山、仙居、遂昌、庆元；分布于江西、福建、广东、广西、贵州。模式标本采于宁波（天童）。

主要用途　枝叶密集，供观赏。

086 大叶冬青 大叶苦丁茶

学名 **Ilex latifolia** Thunb.　　属名 冬青属

形态特征　常绿乔木，高达 20m。全体无毛。枝粗壮，具纵棱。单叶互生；叶片厚革质，长圆形或卵状长圆形，8～28cm×4.5～7.5(～9)cm，先端短渐尖或钝，基部宽楔形或圆形，边缘具疏齿，中脉在叶片上面凹入；叶柄粗壮。聚伞花序簇生于叶腋，圆锥状；花淡黄绿色。果球形，直径 7mm，熟时红色；分核 4。花期 4—5 月，果期 10—12 月。

生境与分布　见于全市各地；生于海拔 800m 以下的山坡、沟谷阔叶林中，常栽培。产于全省山区；分布于华东、华中、华南及云南等地；日本也有。

主要用途　叶大亮绿，秋果红艳，经冬不凋，供园林观赏；叶可制“苦丁茶”，具清热解毒、杀菌消炎、健胃消积、止咳化痰、降血压、活血脉、调节血脂等功效；材质致密、光滑，是制造家具的优良用材。

087 木姜冬青

学名 **Ilex litseifolia** Hu et Tang　　属名 冬青属

形态特征 常绿灌木至小乔木，高4～8m。小枝无毛。单叶互生；叶片椭圆形或卵状椭圆状，4～13cm× 2～5.5cm，先端渐尖，基部楔形，稍下延，全缘，稍反卷，中脉在叶片上面隆起，被锈色短柔毛。聚伞花序单生于叶腋。果近球形，直径4～7mm，熟时紫红色；分核4～5。花期5—6月，果期7—11月。

生境与分布 见于余姚、北仑、鄞州、奉化、宁海、象山；生于海拔300m以上的山坡林中。产于杭州、温州、台州、丽水及诸暨、武义、龙游、开化等地；分布于江西、福建、湖南、湖北、广东、广西、贵州。

主要用途 供绿化观赏。

088 矮冬青

学名 **Ilex lohfauensis** Merr.　　属名 冬青属

形态特征　常绿灌木至小乔木，高 2～6m。小枝纤细，密被短柔毛。单叶互生；叶片椭圆形或长圆形，稀菱形或倒心形，1～3.5cm×0.5～1.3cm，先端微凹，基部楔形，全缘，稍反卷，两面沿脉被短柔毛。花序簇生于叶腋。果球形，直径约 4mm，熟时红色；分核 4。花期 6—7 月，果期 8—12 月。

生境与分布　见于宁海；生于山坡林中或灌丛中。产于温州、台州、丽水及婺城、武义、常山、江山等地；分布于安徽、江西、福建、湖南、广东、香港、广西、贵州。

主要用途　供绿化观赏。

089 大柄冬青

学名 **Ilex macropoda** Miq. 属名 冬青属

形态特征 落叶乔木，高达10m。具长、短枝，长枝具纵棱，有皮孔。单叶互生；叶片纸质，卵形或宽椭圆形，4～8cm×2.5～4.5cm，先端渐尖或急尖，基部楔形，边缘具锐锯齿，中脉上面平坦，侧脉两面明显。雄花序簇生于短枝叶腋，每枝具(1～)2～5花；雌花单生于叶腋。果球形，直径5～7mm，熟时红色；分核5。花期5—6月，果期8—10月。

生境与分布 见于余姚；生于高海拔山坡林中。产于临安、淳安、安吉、婺城、天台、遂昌等地；分布于华中及安徽、江西、福建等地；朝鲜半岛及日本也有。

主要用途 果红色，供观赏。

090 小果冬青

学名 **Ilex micrococca** Maxim.　　属名 冬青属

形态特征　落叶乔木，高达20m。枝、叶无毛。单叶互生；叶片纸质，卵形或卵状椭圆形，7～13(～18) cm×3～6.5cm，先端渐尖，基部圆，常偏斜，近全缘或具芒状锯齿，两面网脉明显。复聚伞花序单生于叶腋。果球形，直径约3mm，熟时红色；分核6～8。花期4—5月，果期9—10月。

生境与分布　见于余姚、北仑、鄞州、奉化、宁海；生于海拔600m以下的阔叶林、灌丛中。产于浙西北、浙东、浙南地区；分布于长江以南地区；日本、越南也有。

主要用途　秋日红果累累，叶橙黄或红艳，供园林观赏；根、叶入药，具清热解毒、消肿止痛之功效；木材坚韧，纹理直，结构细，材质轻软，刨面光滑，不易变形，是良好的速生用材树种。

附种　**北美冬青** ***I. verticillata***，落叶灌木；叶片长卵形，边缘硬齿状，叶背略白且多毛，嫩叶古铜色；浆果颜色因品种而异，有红、黄等多种；分核4～6。原产于北美洲。余姚、鄞州等地有露地栽培。

北美冬青

091 毛冬青

学名 **Ilex pubescens** Hook. et Arn.　属名 冬青属

形态特征　常绿灌木，高3～4m。小枝灰褐色，具4棱，密被粗毛。单叶互生；叶片纸质，卵形或椭圆形，2～6.5cm×1～2.7cm，先端短渐尖或急尖，基部宽楔形或圆钝，边缘有疏尖锯齿，两面被疏粗毛，沿脉密被短粗毛。花序簇生于叶腋，被硬毛。果球形，直径3～4mm，熟时红色；分核6，少数5或7。花期4—5月，果期7—9月。

生境与分布　见于余姚、北仑、鄞州、奉化、宁海、象山；生于海拔500m以下的林缘、灌丛中。产于浙西、浙东、浙南地区；分布于华东南部、华南及湖南、贵州。

主要用途　根、叶入药，具活血通脉、消肿止痛、清热解毒之功效；供观赏。

092 铁冬青

学名 **Ilex rotunda** Thunb.　　属名 冬青属

形态特征　常绿乔木，高达20m。枝、叶、花序梗无毛；小枝具棱，连同叶柄常带红色。单叶互生；叶片倒卵状椭圆形、椭圆形或倒卵形，4～10cm×2～4.5cm，先端短渐尖，基部楔形或钝，全缘，中脉在叶片上面凹入。聚伞花序单生于叶腋；花黄白色。果球形，直径6～8mm，熟时红色；分核5～7。花期3—4月，果期10月。

生境与分布　见于慈溪、余姚、北仑、鄞州、奉化、宁海、象山；生于低海拔山坡、山谷、溪边林中。产于全省山区、半山区；分布于长江以南地区；朝鲜半岛及日本也有。

主要用途　果色鲜艳，枝叶浓绿，供观赏；茎皮、叶、根入药，具清热解毒、消肿止痛之功效。

093 香冬青

学名 **Ilex suaveolens** (Lévl.) Loes. 属名 冬青属

形态特征 常绿乔木，高达15m。枝、叶、总花梗无毛；小枝微具棱。单叶互生；叶片椭圆形、披针形或卵形，5～13cm×2.5～5cm，先端渐尖，基部宽楔形，下延，边缘具钝齿，中脉两面隆起，侧脉两面较明显。伞形花序或聚伞花序单生于叶腋；花淡红色。果梨形，直径5～6mm，熟时红色；分核4～5。花期4—6月，果期9—12月。

生境与分布 见于余姚、北仑、鄞州、奉化、宁海、象山；生于海拔600m以下的山坡、山谷阔叶林中。产于温州、台州、丽水及临安、桐庐、淳安、诸暨、东阳、武义、开化等地；分布于长江以南地区。

主要用途 根入药，用于劳伤身痛；叶色亮绿，果色鲜艳，供观赏。

094 三花冬青

学名 **Ilex triflora** Bl.　**属名** 冬青属

形态特征　常绿灌木或小乔木，高3～10m。小枝近四棱形。单叶互生；叶片椭圆形至卵状椭圆形，3～9cm×1.7～4cm，先端急尖或短渐尖，基部圆钝，边缘具浅锯齿，叶背具腺点，中脉在叶片上面凹入，两面被微毛或变无毛；叶柄稍具狭翅。聚伞花序腋生，每分枝具1～3花。果近球形，直径7mm，熟时黑紫色；分核4。花期4—5月，果期7—12月。

生境与分布　见于余姚、奉化、宁海；生于山坡、沟谷林下。产于丽水及泰顺、婺城、开化等地；分布于长江以南地区；东南亚及印度也有。

主要用途　枝叶浓密，果黑紫色，供观赏。

095 绿叶冬青 亮叶冬青 绿冬青

学名 **Ilex viridis** Champ. ex Benth. 属名 冬青属

形态特征 常绿灌木或小乔木，高 1～5m。幼枝近四棱形。单叶互生；叶片倒卵形、倒卵状椭圆形或宽椭圆形，2.5～7.5cm×1.5～3cm，先端急尖或短渐尖，基部钝或楔形，边缘略外折，具细圆锯齿，齿尖常脱落而成钝头，上面光亮，中脉在上面深凹，疏被短柔毛；叶柄具狭翅；叶片干时亮橄榄绿色。雄花 1～5 朵排成聚伞花序，花白色；雌花单花。果球形或略扁球形，直径 9～11mm，熟时黑色；分核 4。花期 5 月，果期 10—11 月。

生境与分布 见于奉化、宁海、象山；生于海拔 600m 以下的常绿阔叶林下、疏林及灌木丛中。产于温州、台州、丽水及磐安、开化等地；分布于华南及安徽、江西、福建、湖北、贵州。

主要用途 根、叶入药，具凉血解毒、祛腐生新之功效；枝叶浓密，供观赏。

096 尾叶冬青

学名 **Ilex wilsonii** Loes.　　**属名** 冬青属

形态特征　常绿乔木，高10m。小枝具纵棱，近无毛。单叶互生；叶片卵形或椭圆形，3～6.5cm×1.5～3cm，先端尾状渐尖，顶端钝，渐尖头长6～13mm，常偏向一侧，基部楔形或圆形，全缘，两面无毛。花序簇生于叶腋；花白色。果球形，直径4mm，熟时红色；分核4。花期5—6月，果期6—10月。

生境与分布　见于余姚、北仑、鄞州、宁海；生于海拔600m以下的山谷、溪边林中。产于全省山区；分布于长江以南地区。

主要用途　根、叶入药，具清热解毒、消肿止痛之功效；叶色亮绿，果色艳红，供观赏。

十五　卫矛科 Celastraceae*

097 过山枫

学名 **Celastrus aculeatus** Merr.　属名 南蛇藤属

形态特征　半常绿木质藤本。皮孔显著。冬芽圆锥状，基部2枚芽鳞片特化成三角形刺；枝无毛。单叶互生；叶片椭圆形或宽卵状椭圆形，3～12cm×1.5～7.5cm，先端急尖，基部楔形至近圆形，边缘具疏锯齿，近基部全缘，侧脉4～5对；叶柄长6～12mm。聚伞花序常具3花；单性异株；关节位于花梗顶端；花黄绿色。蒴果近球形，直径7～8mm，黄色。种子密布小疣点，具橙红色假种皮。花期3—4月，果期9—10月。

生境与分布　见于除慈溪外的全市各地；生于海拔800m以下的山坡灌丛或路边疏林中。产于全省山区、半山区；分布于江西、福建、广东、广西、云南。

主要用途　根入药，具活血止痛之功效；假种皮橙红色，供观赏。

附种　**窄叶南蛇藤** ***C. oblanceifolius***，枝被褐色短毛；叶片倒披针形，基部窄楔形或楔形，侧脉6～10对；叶柄长5～8mm。见于镇海、北仑；生于低海拔灌丛中、林缘。

* 本科宁波有4属20种1变种9品种，其中栽培9品种。本图鉴收录4属19种1变种6品种，其中栽培6品种。

098 大芽南蛇藤 哥兰叶

学名 **Celastrus gemmatus** Loes.　　属名 南蛇藤属

形态特征 落叶木质藤本。小枝具棱，皮孔白色。冬芽圆锥状，长4～12mm。单叶互生；叶片椭圆形至卵状椭圆形，5～15cm×2～8cm，先端渐尖至急尖，基部近圆形至平截，边缘具细锯齿，叶背苍白色，脉上具短柔毛，侧脉5～7对，网脉明显。聚伞花序排成圆锥花序，具3～7花；花单性异株；总花梗无毛；花梗关节位于中下部1/3～1/2处；花白色或黄绿色；雌蕊柱头3裂，每裂再2分裂。蒴果球状，直径7～15mm，黄色。种子具红色假种皮。花期5—6月，果期9—10月。

生境与分布 见于慈溪、余姚、北仑、鄞州、奉化、宁海、象山；生于山坡、沟谷林缘。产于全省山区、半山区；分布于长江以南地区。

主要用途 根、茎、叶入药，具祛风湿、行气血、壮筋骨、消痈肿之功效。

附种 毛脉显柱南蛇藤 *C. stylosus* var. *puherulus*，皮孔淡黄色；冬芽卵球形，长约2mm；叶背绿色，侧脉4～5对；总花梗及花梗被锈色短毛；关节位于花梗中部以上；雌蕊柱头3裂后不再分裂；蒴果直径6～8mm；花期3—5月。见于余姚、北仑、鄞州、奉化、宁海、象山；生于海拔400m以上的林缘或灌丛中。

毛脉显柱南蛇藤

099 浙江南蛇藤

学名 **Celastrus zhejiangensis** P. L. Chiu, G. Y. Li et Z. H. Chen 属名 南蛇藤属

形态特征 落叶木质藤本。皮孔显著。单叶互生；叶片宽椭圆形、宽卵形或倒卵状椭圆形，3.5～6.5cm× 2.5～5cm，先端急尖，基部宽楔形至浅心形，边缘具细密锯齿，齿端具内弯腺状小尖头，上面深绿色，背面粉白色。花序常腋生；单性异株；关节位于花梗下部；花瓣淡黄绿色。果近球形，直径约8mm。种子具橙红色假种皮。花期5月，果期10月。

生境与分布 见于余姚、奉化、宁海、象山；生于高海拔沟谷、山坡、山脊林中、林缘及田边。产于磐安、衢江、天台、仙居等地。模式标本采于宁波四明山（余姚）。本种为本次调查发现的植物新种。

100 卫矛

学名 **Euonymus alatus** (Thunb.) Sieb.　　**属名** 卫矛属

形态特征　落叶灌木，高1～3m。全体无毛。小枝四棱形，棱上常具宽扁的木栓翅。单叶对生；叶片倒卵形、椭圆形或菱状倒卵形，1.5～7cm×0.8～3.5cm，先端急尖，基部楔形、宽楔形至近圆形，边缘具细齿；叶柄短。聚伞花序腋生，具3～5花；花淡黄绿色。蒴果棕褐色带紫色，几全裂至基部相连，呈分果状；通常仅1～2心皮发育。种子具橙红色假种皮，全部包围种子。花期4—6月，果期9—10月。

生境与分布　见于慈溪、余姚、镇海、北仑、鄞州、奉化、宁海、象山；生于沟谷、山坡阔叶林中、林缘。产于全省山区、半山区；分布于长江中下游至河北、辽宁、吉林；东北亚也有。

主要用途　木栓翅入药，名“鬼箭羽”，具活血、通络、止痛之功效；株型优美，秋叶艳丽，供观赏。

附种　**百齿卫矛 *E. centidens***，常绿灌木；小枝具窄翅；叶片长圆状椭圆形或窄椭圆形，先端长渐尖；聚伞花序具1～3花；蒴果淡黄色；橙黄色假种皮半包围种子。见于除江北外的全市各地；生于海拔200～750m的山谷沟边、林缘。

百齿卫矛

101 肉花卫矛

学名 **Euonymus carnosus** Hemsl.　**属名** 卫矛属

形态特征　半常绿灌木或小乔木。树皮灰黑色，小枝绿色。单叶对生；叶片长圆状椭圆形或长圆状倒卵形，4～17cm×2.5～9cm，先端急尖，基部宽楔形，边缘具细锯齿。聚伞花序具5～15花；花淡黄色。蒴果近球形，果皮厚实，具4钝棱或不明显，淡红色或红色。种子具红色假种皮。花期5—6月，果期8—10月。

生境与分布　见于慈溪、余姚、北仑、鄞州、奉化、宁海、象山；生于山坡、沟旁、石缝中。产于全省山区、半山区；分布于华东及湖北、湖南；日本也有。

主要用途　树皮入药，治疗腰膝疼痛；叶片在秋冬季常变暗紫红色，供观赏。

附种　**海岸卫矛** ***E. tanakae***，三叶轮生，稀对生；聚伞花序常具5～7花；花白色或绿白色；蒴果具明显4翅棱。见于镇海、奉化、宁海、象山；生于滨海山坡林中、岩质海岸灌丛中。

海岸卫矛

102 棘刺卫矛 无柄卫矛

学名 **Euonymus echinatus** Wall. 属名 卫矛属

形态特征 常绿藤本。小枝四棱形。单叶对生；叶片卵形、窄椭圆形、长椭圆形或卵状披针形，先端短渐尖，基部宽楔形至圆形，4～9.5cm×2～4cm，边缘有波状圆齿或细锯齿，叶脉细，在边缘网结；叶柄极短至几无。聚伞花序1～3分枝，具花7朵以上；花淡绿色。蒴果近球状，密被棕色刺状突起。种子具橙红色假种皮。花期5月，果期9—10月。

生境与分布 见于宁海；生于山谷、沟边林下岩石上。产于丽水及泰顺、开化等地；分布于长江以南地区。

主要用途 叶色亮绿，新叶色彩丰富，供绿化观赏。

103 鸦椿卫矛

学名 **Euonymus euscaphis** Hand.-Mazz.　　属名 卫矛属

形态特征　常绿灌木，高 1.5～3m。单叶对生；叶片披针形或窄披针形，4.5～20cm×0.8～2.7cm，先端渐尖，基部近圆形或楔形，边缘具浅细锯齿。聚伞花序具 3～7 花；花暗紫红色。蒴果；常 1～2 心皮发育。种子具橙黄色假种皮。花期 4—5 月，果期 9—10 月。

生境与分布　见于余姚、北仑、鄞州、奉化、宁海、象山；生于山谷沟边、林下。产于杭州、丽水及文成、新昌、磐安、开化、天台、仙居等地；分布于华东及湖南、广东。

主要用途　根、根皮入药，具活血通络、祛风除湿、解表散寒之功效；假种皮橙黄色，供绿化观赏。

104 扶芳藤

学名 **Euonymus fortunei** (Turcz.) Hand.-Mazz. 属名 卫矛属

形态特征 常绿匍匐或攀援灌木。枝常具气生根；小枝圆柱形，密被细瘤状皮孔。单叶对生；叶片革质，宽椭圆形至长圆状倒卵形，5～8.5cm×1.5～4cm，先端短锐尖或短渐尖，基部宽楔形或近圆形，边缘具疏钝锯齿。聚伞花序具多数花，较紧密，二回分枝；花绿白色。蒴果近球形，直径4～7mm，红色，稍有棱，果皮光滑无细点。种子具橙红色假种皮。花期6—7月，果期10月。

生境与分布 见于全市各地；生于溪边、沟谷路边，常缠绕或攀援于树干、岩石上。全省广布；分布于长江以南地区；朝鲜半岛及日本也有。

主要用途 茎、叶入药，具散淤止血、舒筋活络之功效；可作地被观赏、垂直绿化。

本种宁波常见的栽培品种有：银边扶芳藤‘Albo-marginatus’（叶片边缘银白），江北、鄞州有栽培；金边扶芳藤‘Coloratus’（叶片边缘金黄色），鄞州、奉化有栽培；速铺扶芳藤‘Dart’s Blanket’（枝条生长茂密，叶色翠绿，具浅色叶脉，入秋叶色变红，冬季呈红褐色），全市各地有栽培。

附种1 常春卫矛 ***E. hederaceus***，小枝方形；叶片狭卵形至长椭圆形，近基部全缘；聚伞花序具3～7花，一回分枝；蒴果较少，直径0.8～1.2cm。见于余姚；生于山坡疏林中。

附种2 胶州卫矛 ***E. kiautschovicus***，半常绿蔓生或直立灌木；叶片薄革质，椭圆形、长圆状卵形至倒卵形，边缘具细密尖锐锯齿；花序、果序较疏散；花黄绿色；果皮有深色细点。见于北仑、鄞州、象山；生于山谷岩石或树干上。

银边扶芳藤

金边扶芳藤

速铺扶芳藤

常春卫矛

胶州卫矛

105 西南卫矛

学名 **Euonymus hamiltonianus** Wall.　　**属名** 卫矛属

形态特征　落叶小乔木或灌木，高 2～6m。小枝具棱槽，或稍呈方形。单叶对生；叶片长椭圆形、卵状椭圆形或卵状披针形，4～13.5cm×2～7cm，先端急尖，基部宽楔形或钝圆，边缘具细锯齿，叶背脉上有乳头状短毛。聚伞花序；花绿白色。蒴果粉红带黄色，倒棱台形。种子有橙红色假种皮。花期 4—5 月，果期 9—10 月。

生境与分布　见于余姚、北仑、鄞州、奉化、宁海、象山；生于高海拔山地矮林中或路旁。产于杭州、湖州、台州、丽水及诸暨、婺城、磐安等地；分布于长江以南地区；日本、印度也有。

主要用途　根、根皮、果实入药，具活血、止血、祛风除湿之功效；假种皮鲜艳，供观赏。

106 冬青卫矛 大叶黄杨 正木

学名 **Euonymus japonicus** Thunb. 属名 卫矛属

形态特征 常绿灌木或小乔木，高1～6m。小枝绿色，近四棱形，具明显瘤点；冬芽粗大。单叶对生；叶片光亮，椭圆形或倒卵状椭圆形，2～7cm×1～4cm，先端急尖或钝，基部楔形，边缘具钝锯齿。聚伞花序一至二回二歧分枝，每分枝具5～12花；花绿白色。蒴果近球形，淡红色。种子具橙红色假种皮。花期6—7月，果期10月至次年1月。

生境与分布 见于慈溪、镇海、象山；生于岛屿灌丛中；全市各地有栽培。产于我省东南沿海岛屿；全国各地普遍栽培；朝鲜半岛及日本也有。

主要用途 根入药，具调经止痛之功效；供观赏。

本种宁波常见栽培的品种有：银边冬青卫矛'Albo-marginatus'（叶片边缘银白色），全市各地均有栽培；金边冬青卫矛'Aureo-marginatus'（叶片边缘金黄色），全市各地均有栽培；金心冬青卫矛'Aureo-variegatus'（叶片中脉处黄色），全市各地均有栽培。

银边冬青卫矛

金边冬青卫茅

金心冬青卫矛

107 白杜 丝绵木

学名 **Euonymus maackii** Rupr. 属名 卫矛属

形态特征 落叶小乔木，高达6m。小枝灰绿色。单叶对生；叶片椭圆状卵形、卵圆形或长圆状椭圆形，2.5～11cm×2～6cm，先端长渐尖，基部宽楔形或近圆形，边缘具细锯齿，齿端尖锐；叶柄细长，为叶片长度的1/4～1/3。聚伞花序，一至三回分枝，具3～15花；花黄绿色。蒴果倒圆锥状，4浅裂，粉红色或红色。种子具橙红色假种皮。花期5—6月，果期8—11月。

生境与分布 见于全市各地；生于山坡林缘、平原四旁（村旁、宅旁、路旁、水旁）。全省广布；分布于长江流域经华北至东北；朝鲜半岛、俄罗斯西伯利亚地区南部也有。

主要用途 全株入药，具祛风湿、活血、止痛之功效；供观赏。

108 矩叶卫矛

学名 **Euonymus oblongifolius** Loes. et Rehd.　**属名** 卫矛属

形态特征　常绿灌木或小乔木，高2～7m。小枝近方形。单叶对生；叶片椭圆形至长椭圆形或长倒卵形，5～14cm×2～4.5cm，先端渐尖，基部楔形，边缘具锯齿，近基部全缘；叶柄较粗壮。聚伞花序；花黄绿色。蒴果倒圆锥形，具4棱。种子具橙红色假种皮。花期5—6月，果期10—11月。

生境与分布　见于余姚、北仑、鄞州、奉化、宁海、象山；生于低山沟边、山坡林缘。产于杭州、温州、绍兴、衢州、舟山、台州、丽水及安吉、武义等地；分布于长江以南地区。

主要用途　根、果实入药，具止血、泻热之功效；叶色亮绿，假种皮橙红色，供观赏。

109 福建假卫矛

学名 **Microtropis fokienensis** Dunn　　属名 假卫矛属

形态特征　常绿灌木，高1.5～4m。小枝四棱形。单叶对生；叶片革质，窄倒卵状披针形或倒卵状椭圆形至宽椭圆形，4～8.5cm×1.3～3cm，先端急尖或短渐尖，基部窄楔形，全缘，稍反卷，叶片上面光亮，中脉凸起；叶柄短。密伞花序短小紧密，或多花簇生；总花梗无或短，花梗极短或无；花黄绿色。蒴果椭球形或倒卵状椭球形，长1～1.4cm，2瓣裂。花期7月，果期10—11月。

生境与分布　见于余姚、象山；生于沟谷、山坡林下。产于金华、丽水及临安、淳安、安吉、泰顺、衢江、开化、仙居等地；分布于华东。

主要用途　枝、叶入药，具消肿散淤、接骨之功效。

110 雷公藤

学名 **Tripterygium wilfordii** Hook. f.　属名 雷公藤属

形态特征　落叶蔓生灌木。小枝红褐色，具4～6棱，密生瘤状皮孔及锈色短毛。单叶互生；叶片宽椭圆形、宽卵形或卵状椭圆形，4～10cm×3～5cm，先端短尖或渐尖，基部圆形或宽楔形，边缘有细锯齿，网脉明显，叶背脉上疏生锈褐色短柔毛。圆锥状聚伞花序；花淡绿色。翅果长球形，长约1.5cm，具3棱。花期5—6月，果期9—10月。

生境与分布　见于慈溪、余姚、北仑、鄞州、奉化、宁海、象山；生于海拔500m以下的山坡灌丛、林缘、路旁。见于杭州、金华、衢州、台州、丽水及鹿城、泰顺、安吉、吴兴、诸暨等地；分布于长江以南地区。

主要用途　全体入药，根皮可作农药，有剧毒。

十六 省沽油科 Staphyleaceae*

111 野鸦椿 鸡肫皮

学名 **Euscaphis japonica** (Thunb.) Kanitz　　属名 野鸦椿属

形态特征 落叶灌木或小乔木，高达6m。小枝及芽紫红色；枝叶揉碎具恶臭气。奇数羽状复叶对生；小叶5～9，稀3或11；小叶片椭圆形、卵形至长卵形，4～9cm×2～5cm，先端渐尖至长渐尖，基部圆形或宽楔形，常偏斜，边缘具细锐锯齿，齿端具腺体。圆锥花序顶生；花黄白色。蓇葖果长0.8～1.5cm，果皮软革质，紫红色，具纵纹，成熟时开裂。种子具黑色假种皮。花期4—5月，果期6—9月。

生境与分布 见于全市丘陵山区；生于山坡、溪边、路旁林下、林缘。产于全省山区、半山区；分布于除西北外的全国各地；朝鲜半岛及日本也有。

主要用途 根、果实入药，具祛风除湿、理气止痛、止血之功效；秋叶转红色或紫红色，果皮紫红色，假种皮亮黑色，供观赏。

* 本科宁波有2属2种。本图鉴全部收录。

112 省沽油

学名 **Staphylea bumalda** (Thunb.) DC.　属名 省沽油属

形态特征　落叶灌木，高达4m。3小叶复叶对生；小叶片椭圆形、卵圆形至长椭圆形，3.5～9cm×2～4.5cm，先端急尖至渐尖，顶生者基部楔形，下延，侧生者基部宽楔形或近圆形，偏斜，边缘具细锯齿。圆锥花序顶生于当年生具2～3对叶的伸长小枝上；花瓣白色。蒴果下垂，扁膀胱状，2室，顶端2裂，基部下延成果颈。花期4—5月，果期6—9月。

生境与分布　见于慈溪、余姚、北仑、鄞州、奉化、象山；多生于海拔300m以上的山坡、沟谷林下。产于全省山区；分布于华东、华中、华北、东北等地；朝鲜半岛及日本也有。

主要用途　种子油可制肥皂及油漆；根、果实入药；花白色，量大，供观赏。

十七 槭树科 Aceraceae*

113 锐角槭

学名 **Acer acutum** Fang 属名 槭树属

形态特征 落叶乔木，高10～15m。当年生枝淡红色或绿色，多年生枝褐色或深褐色。单叶对生；叶片基部心形或近心形，9～15cm×9～20cm，5～7裂，稀3裂；裂片宽卵形或三角形，先端锐尖，基部裂片先端钝尖或不发育，全缘，下面嫩时被短柔毛，在叶脉上更密，老时仅沿叶脉被短柔毛；叶柄具乳汁。伞房花序；花黄绿色。翅果长3～3.5cm，小坚果压扁状，嫩时绿色，两翅张开成锐角或近直角。花期4月，果期10月。

生境与分布 见于余姚、鄞州、奉化、宁海；生于海拔1000m以下的溪谷边、山坡疏林中。产于临安、淳安、磐安、龙游、天台等地。

主要用途 供园林观赏。

附种1 天童锐角槭 var. ***tientungense***，叶片下面被宿存淡黄色短柔毛；翅果较小，长2.5～2.8cm。见于鄞州、宁海、象山；生于湿润山谷、山坡、路旁疏林中。模式标本采自宁波（天童太白山）。

附种2 阔叶槭 ***A. amplum***，叶片常5裂，稀3裂或不分裂，下面仅脉腋有黄色丛毛；花瓣白色；翅果长3.5～4.5cm，嫩时紫色，两翅张开成钝角。见于余姚、北仑、鄞州、奉化、宁海；生于海拔700m以上的溪边、路旁、山谷或山坡林中。

* 本科宁波有1属17种2亚种7变种4品种，其中栽培6种2变种4品种。本图鉴收录1属15种2亚种6变种4品种，其中栽培4种2变种4品种。

阔叶槭

天童锐角槭

114 三角槭 三角枫

学名 **Acer buergerianum** Miq. 属名 槭树属

形态特征 落叶乔木，高达15m。树皮片状脱落。小枝、叶背疏被脱落性毛；当年生枝灰褐色至褐色，多年生枝淡灰色或灰褐色。单叶对生；叶片卵状椭圆形至倒卵形，6～10cm×3～5cm，基部楔形至近圆形，3浅裂，裂片向前延伸，稀不裂，中央裂片常比侧裂片大，三角形至三角状卵形，急尖、锐尖或短渐尖，叶背多少被白粉。伞房花序。翅果熟时黄褐色，2～2.5cm×0.9～1cm，小坚果显著凸起，果翅张开成锐角或平行。花期4月，果期10月。

生境与分布 见于全市丘陵山区；生于较低海拔的路边、村旁、溪边向阳处或山坡疏林中。全省均产；分布于华东、华中及广东、贵州等地；日本也有。

主要用途 根、皮入药；优良绿化观赏树种；材用。

附种1 平翅三角槭 var. ***horizontale***，叶片3中裂，6～8cm×4～6cm；翅果较大，2.3～2.7cm× 0.8～0.9cm，两翅外弯，张开近水平。见于余姚、镇海、北仑、鄞州、奉化、宁海、象山；生于山谷溪边或山麓。

附种2 宁波三角槭 var. ***ningpoense***，当年生小枝及花序密被灰白色或淡黄色宿存茸毛。见于北仑、鄞州；生于山坡林缘、沟边、路旁。模式标本采自宁波。

附种3 雁荡三角槭 var. ***yentangense***，叶片较小，3cm×3.5cm，下面具白粉，上半部3裂，裂片几等大；翅果较小，1.5～1.8cm×0.5～0.7cm，两翅张开成近直角至钝角。见于余姚、北仑、鄞州、奉化、宁海、象山；生于山谷、溪边林中。

平翅三角槭

宁波三角槭

雁荡三角槭

115 樟叶槭

学名 **Acer coriaceifolia** Lévl. 属名 槭树属

形态特征 常绿乔木，高10m。幼枝、叶背、花序、翅果均被茸毛。小枝细瘦，当年生枝淡紫褐色，多年生枝淡红褐色或黑褐色，近无毛。单叶对生；叶片革质，长圆状椭圆形或长圆状披针形，8～12cm×4～5cm，先端短渐尖而钝头，基部圆形、钝形或宽楔形，全缘或近全缘，萌枝之叶常3裂，下面被白粉。圆锥花序；萼片淡绿色。翅果长2.8～3.2cm，熟时淡黄褐色，两翅张开成锐角或近直角。花期4—5月，果期7—9月。

生境与分布 产于温州及岱山；分布于江西、福建、湖北、湖南、广东、广西、贵州等地。全市各地有栽培。

主要用途 供园林观赏。

116 青榨槭

学名 **Acer davidii** Franch. 属名 槭树属

形态特征 落叶乔木，高达16m。大枝青绿色，常纵裂成蛇皮状；当年生枝紫绿色或绿色，多年生枝绿色。单叶对生；叶片长圆状卵形或近长圆形，6～14cm×3.5～8.5cm，不分裂，先端锐尖或渐尖，常有尖尾，基部近心形或圆形，边缘具不整齐钝圆齿，下面沿叶脉被脱落性红褐色短柔毛，侧脉羽状。总状花序顶生，下垂；花黄绿色。翅果嫩时淡绿色，成熟后黄褐色，长2.5～3cm，两翅张开成钝角或几成水平。花期4月，果期10月。

生境与分布 见于余姚、北仑、鄞州、奉化、宁海、象山；生于海拔250m以上的山谷、路旁、山坡疏林中。产于全省山区、半山区；分布于华东、华中、华南、西南、华北各地。

主要用途 材用；树汁液可煎制糖类；根、枝、叶、花入药；大枝青绿色，常纵裂成蛇皮状，果实成串下垂，秋叶转黄色、橙黄色，供园林观赏。

117 秀丽槭 青枫

学名 **Acer elegantulum** Fang et P. L. Chiu ex Fang 属名 槭树属

形态特征 落叶乔木，高 9～15m。当年生枝淡紫绿色，多年生枝暗紫红色。单叶对生；叶片基部心形，5.5～9cm×7～12cm，通常 5 裂，裂片卵形或三角状卵形，先端短急锐尖，尖尾长 0.8～1cm，基部裂片较小，边缘具低平锯齿，下面除脉腋被黄色丛毛外无毛或几无毛。花序圆锥状．果时长为宽的 1.5 倍以上；萼片无毛；花瓣淡红色。小坚果近球形，无毛，直径 6mm，翅果长 2～2.8cm，嫩时淡紫色，成熟后淡黄色，两翅张开近水平。花期 4—5 月，果期 10 月。

生境与分布 见于慈溪、余姚；生于海拔 250m 以上的溪谷边林中。产于杭州、台州、丽水及安吉、开化等地；分布于安徽、江西。

主要用途 供园林绿化观赏，又用作砧木；根、根皮入药，具祛风止痛之功效。

附种 1 长尾秀丽槭 var. ***macrurum***，叶片的裂片长圆状卵形，先端长尾状锐尖，尖尾长 1.5～2cm；小坚果直径 3mm，翅宽 3～5mm，连同小坚果长 1.2～1.8cm，张开近水平或略反卷。鄞州有栽培。

附种 2 橄榄槭 ***A. olivaceum***，小枝灰绿色；花序短圆锥状或圆锥式伞房状，果时长、宽几相等或宽超过长；萼片具毛；花瓣淡白色；翅果张开成钝角，稀近水平。见于余姚、北仑、鄞州、奉化、宁海、象山；生于海拔 1000m 以下的疏林中。

长尾秀丽槭

橄榄槭

118 罗浮槭 红翅槭

学名 **Acer fabri** Hance　属名 槭树属

形态特征　常绿乔木，高达10m。小枝、叶柄、翅果均无毛；当年生枝紫绿色或绿色，多年生枝绿色或绿褐色。单叶对生；叶片革质，披针形、长圆状披针形或长圆状倒披针形，7～11cm×2～3cm，全缘，先端锐尖或短锐尖，基部楔形或钝形，两面无毛或下面脉腋稀被丛毛。伞房花序紫色，无毛或嫩时被茸毛；萼片紫色。翅果长3～3.4cm，嫩时红色，熟时黄褐色或淡褐色，两翅张开成钝角。花期3—4月，果期9月。

生境与分布　原产于江西、湖北、湖南、广东、广西、四川等地。镇海、鄞州、奉化有栽培。

主要用途　供园林观赏；果入药，具清热、利咽喉之功效。

119 建始槭

学名 **Acer henryi** Pax　　属名 槭树属

形态特征　落叶乔木，高 10m。当年生枝紫绿色，有短柔毛。3 小叶复叶对生；小叶片椭圆形或长圆状椭圆形，6～12cm×2.5～5cm，基部楔形至近圆形，中部以上有钝锯齿，稀全缘，嫩叶两面稀被短柔毛，下面脉腋常有丛毛；叶柄长 4～8cm，顶生小叶柄长 1～2cm，侧生者长 3～5mm。穗状式总状花序侧生，稀顶生，下垂，具多数花。翅果长 2～3cm，嫩时淡紫色，成熟后黄褐色，小坚果压扁状，长球形，脊纹显著，两翅张开成锐角或近直立。花期 4 月，果期 10 月。

生境与分布　见于余姚、北仑、鄞州、奉化、宁海；生于海拔 350m 以上的山坡、谷地疏林中、悬崖上。产于杭州、台州及泰顺、安吉、遂昌等地；分布于长江以南及山西等地。

主要用途　供绿化观赏；根入药，具接骨、利关节、止痛之功效。

附种　毛果槭 ***A. nikoense***，侧生小叶近无柄；聚伞花序顶生，具 3 花，稀 5 花；翅果长 4～5cm，两翅张开近直角或钝角。见于余姚；生于海拔 700m 以上的疏林中。

毛果槭

120 乌头叶羽扇槭

学名 **Acer japonicum** Thunb. **'Aconitifolium'** 属名 槭树属

形态特征 落叶小乔木。小枝细瘦，当年生枝紫色或淡绿紫色，多年生枝淡灰紫色或深灰色。单叶对生；叶片近圆形，直径9～12cm，基部深心形，9裂，稀7或11裂，裂片卵形，先端锐尖，边缘具尖锐锯齿，嫩时被白色绢状毛，老时仅主脉基部被丛毛。伞房花序顶生，被短柔毛；萼片紫色；花瓣白色。翅果长2.5～2.8cm，嫩时紫色，成熟时淡黄绿色，两翅张开成钝角。花期5月，果期9月。

生境与分布 原产于日本、朝鲜半岛。慈溪、余姚、奉化有栽培。

主要用途 供绿化观赏。

121 鸡爪槭

学名 **Acer palmatum** Thunb.　属名 槭树属

形态特征　落叶小乔木。小枝细瘦，当年生枝紫色或淡紫绿色，多年生枝淡灰紫色或深紫色。单叶对生；叶片圆形，直径7～10cm，基部心形或近心形，掌状5～9裂，通常7裂，裂片长圆状卵形或披针形，先端渐尖或长渐尖，边缘具尖锐细重锯齿，裂片深达叶片直径的1/2～3/4，下面脉腋有白色丛毛。伞房花序顶生；萼片红紫色；花瓣微带淡红色。翅果长2～2.5cm，嫩时紫红色，成熟时淡棕黄色，两翅张开成钝角。花期5月，果期9月。

生境与分布　产于临安、安吉；分布于华东、华中及贵州等地；日本、朝鲜半岛也有。全市各地有栽培。

主要用途　供园林观赏；枝、叶入药，具止痛、解毒之功效。

本种全市各地常见栽培的品种有：红枫‘Atropurpureum’（叶片深红色），全市各地均有栽培；羽毛枫‘Dissectum’（叶片7～9深裂至全裂，各裂片羽状深裂，各小裂片边缘疏生细长尖锯齿），全市各地均有栽培；红羽毛枫‘Dissectum Ornatum’（叶形与羽毛枫相似，但叶色暗红或深紫红），全市各地均有栽培。

附种　**小鸡爪槭** var. ***thunbergii***，叶较小，直径约4cm，常7深裂，稀5裂，裂片狭窄，边缘具明显锐尖粗重锯齿；翅果及小坚果均较小。全市各地有栽培。

小鸡爪槭

红枫

羽毛枫

红羽毛枫

122 稀花槭

学名 **Acer pauciflorum** Fang　属名 槭树属

形态特征　落叶灌木，高1～3m。小枝细瘦，当年生枝黄绿色或淡黄紫色，多年生枝灰褐色或黄褐色，具白色蜡质层。单叶对生；叶片近圆形，直径3～4cm，基部心形或近心形，5裂，裂片长圆状卵形或长圆状椭圆形，先端钝尖，边缘具锐尖重锯齿或单锯齿，下面沿中脉疏被平伏长柔毛或仅在基部脉腋有须毛。伞房花序。果序被长柔毛，每个果梗上仅生一个果实，翅果幼时淡紫色，成熟后淡黄褐色，长约1.5cm，两翅张开成直角。花期4月，果期9月。

生境与分布　见于北仑、鄞州、宁海；生于疏林中。产于桐庐、建德、乐清、嵊州、磐安、仙居、缙云等地。

主要用途　供园林观赏。

123 色木槭

学名 **Acer pictum** Thunb. ex Murr. subsp. **mono** (Maxim.) H. Ohashi　属名 槭树属

形态特征　落叶乔木，高 15～20m。当年生枝绿色或紫绿色，多年生枝灰色或淡灰色。单叶对生；叶片近椭圆形，5～8cm×8～11cm，基部心形或截形，常 5 裂，稀 3 裂或 7 裂，裂片卵形，先端锐尖或尾状锐尖，全缘，下面仅脉腋被黄色短柔毛；叶柄具乳汁。圆锥状伞房花序顶生；花瓣淡白色。翅果长 2～2.5cm，嫩时紫绿色，成熟时淡黄褐色，翅果张开成锐角或近钝角。花期 4 月，果期 9—10 月。

生境与分布　见于余姚、奉化、宁海；生于海拔 1000m 以下的山坡或溪边疏林中。产于杭州、台州、丽水及安吉、开化等地；分布于长江流域和华北、东北各地；东北亚也有。

主要用途　供绿化观赏；种油食用，嫩叶代茶用，树汁液可煎制糖类；枝、叶入药，具祛风除湿、活血逐淤之功效。

124 毛脉槭

学名 **Acer pubinerve** Rehd. 属名 槭树属

形态特征 落叶乔木，高达18m。当年生枝淡紫绿色或淡绿色，多年生枝灰褐色。单叶对生；叶片近圆形，8～12cm×10～14cm，基部近心形，5裂，裂片卵形或长圆状卵形，先端尾状锐尖，边缘具紧贴钝尖锯齿（近裂片基部全缘），基部裂片较小，下面被淡黄色柔毛，沿脉更密；叶柄密被长柔毛。花序圆锥状，紫色。翅果长2.3～2.8cm，嫩时紫色，后变淡黄色，小坚果长球形，长8mm，直径5mm，有细毛，翅长圆状倒卵形或倒卵形，宽9～12mm，两翅张开成钝角或近水平。花期4月，果期10月。

生境与分布 见于余姚、北仑、鄞州、奉化、宁海、象山；生于山谷溪边混交林中或林缘。产于杭州、温州、衢州、台州、丽水及安吉、新昌、婺城、武义等地；分布于安徽、江西、福建。

主要用途 供绿化观赏。

125 北美红枫 美国红枫

学名 **Acer rubrum** Linn. 属名 槭树属

形态特征 落叶乔木，高达18m。新树皮光滑，老树皮粗糙，有鳞片或皱纹。小枝光滑，通常绿色，冬季常变为红色。单叶对生；叶片掌状3～5裂，7～13cm×7～12cm，嫩叶上面微红色，渐变成深绿色，成叶叶柄常带红色。花红色，稠密簇生，少部分微黄色，先叶开放。翅果多呈微红色，成熟时变棕色，长2.5～5cm，两翅张开成锐角。花期3—4月，果期秋季。

生境与分布 原产于北美洲。慈溪、鄞州、奉化、宁海、象山及市区等地有栽培。

主要用途 树干通直，春天红花先叶开放，秋叶亮红色，色叶期长、落叶晚，冬季小枝呈红色，供观赏。

126 天目槭

学名 **Acer sinopurpurascens** Cheng　　属名 槭树属

形态特征　落叶乔木，高 10m。当年生枝紫褐色，嫩时微被短柔毛，多年生枝灰色或灰褐色。单叶对生；叶片近圆形，5～9cm×8～10cm，基部心形或近心形，5 裂或 3 裂，中裂片长圆状卵形，先端锐尖，侧生裂片三角状卵形，疏生钝锯齿或全缘，基部裂片较小，钝尖形，裂片间缺口钝尖，嫩时两面及叶缘均被短柔毛。总状花序或伞房式总状花序侧生；花紫红色。翅果长 3～3.5cm，熟时黄褐色，有显著隆起之脊，两翅张开成锐角至近直角。花期 3—4 月，果期 10 月。

生境与分布　见于奉化、宁海；生于高海拔混交林中。产于临安、淳安、泰顺、天台、临海、缙云、景宁等地；分布于安徽、江西、湖北。

主要用途　浙江省重点保护野生植物。供园林观赏；根入药，具接骨、利关节、止疼痛之功效。

127 苦茶槭 茶条槭

学名 **Acer tataricum** Linn. subsp. **theiferum** (Fang) Z. H. Chen et P. L. Chiu 属名 槭树属

形态特征 落叶灌木或小乔木，高达6m。当年生枝绿色或紫绿色，多年生枝淡黄色或黄褐色。单叶对生；叶片卵形或椭圆状卵形，5～10cm×3～6cm，不分裂或3～5浅裂，中裂片远较侧裂片发达，先端锐尖或狭长锐尖，基部圆形或近心形，边缘具不整齐锐尖重锯齿，下面有白色疏柔毛。伞房花序疏被白色柔毛；花瓣白色。翅果黄绿色或黄褐色，长2.5～3.5cm，两翅张开近直立或成锐角。花期5月，果期9月。

生境与分布 见于除江北外的全市丘陵山地；生于山坡、溪谷、路边灌丛中或疏林下。产于杭州、湖州、台州及诸暨、磐安、开化、龙泉、遂昌等地；分布于华东、华中。

主要用途 供园林观赏；嫩叶代茶用；幼芽入药，具散风热、清头目之功效。

十八　七叶树科 Hippocastanaceae*

128 七叶树

学名 **Aesculus chinensis** Bunge　　属名 七叶树属

形态特征　落叶乔木，高达20m。小枝粗壮，无毛或嫩时有微柔毛，具皮孔。冬芽大，有树脂。掌状复叶对生；小叶5～7；小叶片长圆状披针形至长圆状倒披针形，10～18cm×3～6cm，先端短渐尖，基部楔形或宽楔形，边缘有钝尖细锯齿，下面仅嫩时沿中脉有柔毛；中央小叶柄长1～2cm，侧生小叶柄长0.5～1cm。花序窄圆筒形，长30～50cm，有柔毛；花瓣白色，下部黄色或橘红色。果实球形或倒卵球形，直径3～4cm，黄褐色，密生斑点，果壳干后厚5～6mm。花期5月，果期10月。

生境与分布　分布于秦岭。除镇海外，全市各地有栽培。

主要用途　优良绿化观赏树种；材用；种油供化工用；种子入药，具理气宽中、和胃止痛之功效。

附种1　天师栗 var. ***wilsonii***，小枝密被脱落性长柔毛；小叶片下面有灰色茸毛或长柔毛，嫩时较密，基部宽楔形、近圆形，稀浅心形。镇海、奉化有栽培。

附种2　红花七叶树 ***A. pavia***，小叶通常5片，长卵圆形、倒卵形或窄椭圆形，叶缘具重锯齿；小叶柄长1.6cm；花红色。原产于北美洲。鄞州有引种。

* 本科宁波有1属2种1变种，其中栽培2种1变种。本图鉴全部收录。

天师栗

红花七叶树

十九 无患子科 Sapindaceae*

129 黄山栾树 全缘叶栾树

学名 **Koelreuteria bipinnata** Franch. var. **integrifoliola** (Merr.) T. C. Chen 属名 栾树属

形态特征 落叶乔木，高达20m。小枝红褐色，密生锈色皮孔，有时被锈褐色伏柔毛。叶各部、花序均被柔毛，有时叶片无毛。叶平展，二回羽状复叶，互生；小叶互生；小叶片长椭圆形或长椭圆状卵形，4～11cm×2～5cm，先端渐尖至长渐尖，稀急尖，基部宽楔形或近圆形，略偏斜，常全缘（萌枝之叶全具锯齿）。圆锥花序大型，分枝广展；花瓣4(～5)，黄色，基部红色。蒴果椭圆形，淡紫红色，熟时褐色，长4.5～5.5cm，具3棱。花期8—9月，果期9—11月。

生境与分布 见于鄞州、奉化、宁海；生于低海拔山坡或溪边疏林中，全市各地广泛栽培。产于杭州、湖州、金华、丽水、台州及诸暨、常山、开化等地；分布于长江以南多数省份。

主要用途 花序大型，果色丰富，供园林绿化观赏；根、花入药，具疏风、清热、止咳、驱蛔之功效；蜜源植物。

＊本科宁波有3属2种1变种，其中栽培1种。本图鉴收录2属1种1变种。

130 无患子

学名 **Sapindus saponaria** Linn. 属名 无患子属

形态特征 落叶乔木，高达20m。树皮灰黄色；嫩枝绿色，被脱落性柔毛，有黄褐色皮孔。一回偶数羽状复叶互生；小叶5～8对；小叶片长卵形或长卵状披针形，有时稍呈镰形，6～14cm×2～5cm，先端急尖或渐尖，基部楔形，略偏斜，两面无毛或几无毛；叶轴与小叶柄具2槽，被脱落性短柔毛。圆锥花序顶生，密被黄色柔毛；花小，白色或黄白色。果近球形，直径约2cm，黄色，果皮肉质，富含皂素。花期5—6月，果期9—11月。

生境与分布 见于慈溪、余姚、北仑、鄞州、奉化、宁海、象山；生于山坡、沟谷林缘、林中、平原各地，全市各地有栽培。全省均有野生或栽培；分布于我国东部、南部及西南，常栽培。

主要用途 秋叶金黄，供绿化观赏；种子油供化工用；根、果、嫩枝叶、树皮入药；蜜源植物；果皮可代肥皂用。

二十　清风藤科 Sabiaceae*

131 垂枝泡花树

学名 **Meliosma flexuosa** Pamp.　　属名 泡花树属

形态特征　落叶灌木至小乔木，高达5m。腋芽为裸芽，常2枚并生。单叶互生；叶片倒卵形或倒卵状椭圆形，6～17cm×3～7cm，先端短渐尖，基部楔形，边缘具疏锐齿，侧脉12～18对，直达齿端。圆锥花序顶生，主轴有时呈"之"字形屈曲，顶部弯垂；花白色。核果球形。花期5—6月，果期9—10月。

生境与分布　见于余姚、北仑、鄞州、奉化、宁海；生于海拔700m以上的阔叶林或混交林中。产于丽水及临安、泰顺、安吉、诸暨、新昌、磐安、衢江、天台、仙居等地；分布于华东、华中及广东、四川、陕西。

主要用途　树皮、叶入药，具止血、活血、止痛、清热、解毒之功效。

* 本科宁波有2属6种1亚种2变种。本图鉴收录2属5种1亚种2变种。

132 异色泡花树

学名 **Meliosma myriantha** Sieb. et Zucc. var. **discolor** Dunn　属名 泡花树属

形态特征　落叶乔木，高8～12m。树皮灰褐色，初平滑，后片状脱落；幼枝初被毛，后渐稀疏。单叶互生；叶片倒卵状长圆形或长圆形，8～20cm×3.5～7cm，先端锐渐尖，基部渐缩而圆钝，下面被疏毛或仅脉上有毛，边缘中上部具刺状锯齿，侧脉12～22对，直达齿端。圆锥花序顶生，直立，被柔毛；花小，白色。核果球形或倒卵形，熟时红色。花期5—6月，果期6—9月。

生境与分布　见于余姚、北仑、鄞州、奉化、宁海、象山；生于海拔300m以上的湿润阔叶林中。产于杭州、温州、台州、丽水及诸暨、武义、开化等地；分布于华东及湖南、广东、广西、贵州、四川。

主要用途　供园林绿化。

133 红枝柴 南京泡花树 红柴枝

学名 **Meliosma oldhamii** Maxim. 属名 泡花树属

形态特征 落叶乔木，高达10m。树皮浅灰色，略粗糙；小枝粗壮；芽裸露。一回奇数羽状复叶互生，常集生于枝顶；小叶3～7对，对生或近对生；下部小叶片略小，卵形，长3～5cm，上部者渐大，狭卵形至椭圆状卵形，长5～8cm，先端锐渐尖，基部圆钝或宽楔形，边缘具稀疏锐尖小锯齿，背面脉腋有簇毛。圆锥花序；花白色，芳香。核果球形。花期5—6月，果期10月。

生境与分布 见于慈溪、余姚、北仑、鄞州、奉化、宁海、象山；生于海拔100m以上的阔叶林中或路旁。产于全省山区、半山区；分布于秦岭以南地区。

主要用途 花序大型，花白色而芬芳，供山区绿化、园林观赏；根皮入药，具利水解毒之功效。

134 笔罗子 野枇杷

学名 **Meliosma rigida** Sieb. et Zucc. 属名 泡花树属

形态特征 常绿小乔木，高6～10m。幼枝被锈褐色短茸毛，后渐脱落；叶片上面叶脉、叶片下面、叶柄、花序均被锈色或锈褐色柔毛，叶片下面毛更密而短。单叶互生；叶片革质，倒披针形或倒卵状披针形，7～15(～25)cm×2～5cm，先端渐尖或短渐尖，基部狭楔形，中部以上疏生锯齿或全缘。圆锥花序顶生；花小，花瓣白色。核果球形，熟时灰黑色。花期5—6月，果期9—10月。

生境与分布 见于余姚、北仑、鄞州、奉化、宁海、象山；生于海拔500m以下的山坡谷地及滨海和岛屿上的常绿阔叶林中。产于温州、舟山、台州、丽水等地，分布于长江以南多数省份。

主要用途 树皮、叶、种子供化工用；树皮入药，具解毒、利水、消肿之功效；供观赏。

附种 **毡毛泡花树** var. ***pannosa***，小枝、叶背、叶柄及花序密被棕黄色弯曲且交织的长柔毛；叶片长圆状倒宽披针形，较宽。产于鄞州、奉化、宁海；生于沟谷地带。

毡毛泡花树

135 清风藤

学名 **Sabia japonica** Maxim. 属名 清风藤属

形态特征 落叶木质藤本。幼枝有细毛。单叶互生；叶片卵状椭圆形、卵形或宽卵形，3.5～9cm×2～4.5cm，先端尖或短钝尖，基部圆钝或宽楔形，全缘，两面近无毛，上面亮绿色，下面灰绿色，叶脉不透明，绿色；叶柄短，落叶后残留二叉状木质化短尖刺。花单生于叶腋，先叶开放，黄绿色。核果，熟时碧蓝色，多由 2 分果组成，果梗长 2～2.5cm。花期 2—3 月，果期 4—7 月。

生境与分布 见于全市丘陵山地；生于海拔 500m 以下的山坡、沟谷林中或林缘。产于全省山区、半山区；分布于长江以南地区。

主要用途 花黄绿色，先叶开放，适于边坡、断面覆绿及园林石景点缀美化；嫩叶可食；茎藤入药，具祛风湿、利小便之功效。

附种 **鄂西清风藤 *S. campanulata* subsp. *ritchieae***，叶片长圆状卵形、长圆状椭圆形或卵形，先端渐尖，下面浅青灰色，网脉半透明，纤细致密，微红色；叶柄落叶后无木质残桩；花深紫色，与叶同放。见于余姚、镇海、北仑、鄞州、奉化、宁海、象山；生于海拔 800m 以下的山坡、溪谷湿润疏林下与灌丛中。

鄂西清风藤

136 尖叶清风藤

学名 **Sabia swinhoei** Hemsl. 属名 清风藤属

形态特征 常绿木质藤本。小枝密被长柔毛。单叶互生；叶片椭圆形、卵状椭圆形或卵形，5～12cm×2～5cm，先端渐尖或骤尖成尾尖，基部楔形，稀圆钝，上面中脉被柔毛，下面被短柔毛或渐脱落近无毛，边缘平，或有褶皱而背卷；叶柄密被柔毛。聚伞花序具2～7花，被疏长柔毛；花瓣淡绿色。分果瓣倒卵形，基部偏斜，成熟时蓝黑色。花期3—4月，果期7—9月。

生境与分布 见于余姚、北仑、鄞州、奉化、宁海、象山；生于海拔100～500m的山谷溪边灌丛中或林缘。产于杭州、温州、金华、丽水及诸暨等地；分布于长江以南地区。

主要用途 茎入药，有活血化淤、舒筋活络之功效。

二十一　凤仙花科 Balsaminaceae*

137 凤仙花 指甲花 急性子 凤仙透骨草

学名 **Impatiens balsamina** Linn.　**属名** 凤仙花属

形态特征　一年生草本，高0.6～1m。茎粗壮，肉质，直立，无毛或幼时被疏柔毛，下部节常膨大。单叶互生，最下部叶有时对生；叶片披针形、狭椭圆形或倒披针形，4～12cm×1.5～3cm，先端尖或渐尖，基部楔形，边缘有锐锯齿，向基部常有数对无柄黑色腺体，两面无毛或被疏柔毛；叶柄长1～3cm，两侧具数对具柄腺体。花单生或2～3朵簇生于叶腋，无总花梗，白色、粉红色或紫色，单瓣或重瓣；花梗密被柔毛；距长1～2.5cm，急尖，内弯。蒴果宽纺锤形，两端尖，密被柔毛。花期6—10月。

生境与分布　宁波乃至全国各地庭园广泛栽培。

主要用途　供观赏；民间常用其花及叶染指甲；全草或种子、根、花入药；茎腌制可食。

附种　**新几内亚凤仙** ***I. hawkeri***，多年生常绿草本；叶片卵状披针形，绿色、深绿色或古铜色，叶脉红色；花色丰富，与叶脉颜色或茎色有相关性；花期极长，几乎全年均能见花，但以秋、冬、春三季较盛。原产于非洲。全市各地有栽培。

新几内亚凤仙

* 本科宁波有1属4种，其中栽培3种。本图鉴全部收录。

138 牯岭凤仙花 野凤仙

学名 **Impatiens davidii** Franch.　　**属名** 凤仙花属

形态特征　一年生草本，高可达90cm。茎粗壮，肉质，直立或下部斜升，有分枝，下部节膨大；枝、叶无毛。单叶互生；叶片卵状长圆形或卵状披针形，稀椭圆形，5～10cm×3～4cm，先端尾状渐尖，基部楔形或尖，边缘有粗圆齿，齿端具小尖，侧脉弧状弯曲；叶柄长4～8cm。总花梗连同花梗仅具1花，花淡黄色；唇瓣囊状，具黄色条纹；距长约0.8cm，急狭，钩状，距端2浅裂。蒴果条状圆柱形。花期7—9月。

生境与分布　见于余姚、北仑、鄞州、奉化、宁海、象山；生于海拔300～700m的山谷林下或草丛潮湿处。产于湖州及临安、淳安、泰顺、磐安、衢江、天台、莲都、庆元等地；分布于安徽、江西、福建、湖北、湖南。

主要用途　根、全草入药，具消积止痛之功效；供观赏。

139 非洲凤仙花

学名 **Impatiens sultanii** Hook. f. **属名** 凤仙花属

形态特征 多年生草本。茎直立，肉质，节间膨大。单叶互生；叶片宽椭圆形或卵形至长圆状椭圆形，4～12cm×2.5～5.5cm，先端尖或渐尖，有时突尖，基部楔形，稀圆形，渐狭成长 1.5～6cm 的叶柄，边缘具圆齿；叶柄有具柄腺体。总花梗腋生，通常具 2 花，稀 3～5 或 1，花大小及颜色多变，鲜红色、深红色、粉红色、紫红色、淡紫色、蓝紫色或白色等；唇瓣浅舟状；距长 2.4～4cm，急缩，条状内弯。蒴果纺锤形，无毛。花期 6—10 月。

生境与分布 原产于东非。全市各地有栽培。

主要用途 供观赏。

二十二　鼠李科 Rhamnaceae*

140 大叶勾儿茶

学名 **Berchemia huana** Rehd.　　属名 勾儿茶属

形态特征　落叶藤状灌木。小枝绿色，光滑无毛。单叶互生；叶片卵形或卵状长圆形，6～10cm×3～6cm，先端圆或稍钝，稀锐尖，基部圆形或近心形，下面密被黄色短柔毛，侧脉10～14对，排列整齐；上部叶渐小；叶柄长1.4～2.5cm。聚伞总状圆锥花序，花序轴密被短柔毛，分枝宽大。核果圆柱状椭球形，熟时紫红色或紫黑色。花期7—9月，果期次年5—6月。

生境与分布　见于北仑、奉化；生于海拔1000m以下的溪谷边、山坡灌丛中或阔叶林中。产于杭州及平阳、安吉、开化、仙居等地；分布于华东、华中。

主要用途　根、茎、叶入药；供观赏。

附种　**脱毛大叶勾儿茶** var. ***glabrescens***，叶片下面沿脉或侧脉下部疏被短柔毛。见于鄞州、奉化；生于疏林下或溪边灌丛中。

脱毛大叶勾儿茶

* 本科宁波有8属16种3变种，其中栽培2种1变种。本图鉴全部收录。

141 牯岭勾儿茶

学名 **Berchemia kulingensis** Schneid.　属名 勾儿茶属

形态特征 落叶藤状灌木。全体无毛。单叶互生；叶片卵状椭圆形或卵状长圆形，2～6cm×1.5～3.5cm，先端钝圆或尖，具小尖头，基部心形或近心形，侧脉7～9对；叶柄细弱，长0.6～1cm；托叶宿存。聚伞总状花序，不分枝，疏散。核果长圆柱形，红色至黑紫色。花期6—7月，果期次年4—5月。

生境与分布 见于全市丘陵山区（江北除外）；生于海拔100m以上的山坡、沟谷林中或林缘。产于全省山区、半山区；分布于长江以南多数省份。

主要用途 根入药，具祛风利湿、活血止痛之功效；供观赏。

附种　多花勾儿茶 *B. floribunda*，下部叶较大，达11cm×6.5cm，叶片椭圆形至长圆形，侧脉9～14对，叶柄长1～3.5(～5.2)cm；上部叶较小，4～9cm×2～5cm，卵形或卵状椭圆形至卵状披针形，先端急尖，叶柄较短；聚伞状圆锥花序具宽大分枝。见于慈溪、北仑、鄞州、奉化、宁海、象山；生于沟谷、山坡林缘、疏林、灌丛中。

多花勾儿茶

142 小勾儿茶

学名 **Berchemiella wilsonii** (Schneid.) Nakai 属名 小勾儿茶属

形态特征 落叶灌木或小乔木，高3～6m。小枝褐色，无毛，皮孔密而明显，有纵裂纹，老枝灰色。单叶互生；叶片椭圆形，6～13cm×2～5cm，先端钝，有短突尖，基部圆形，不对称，下面灰白色，无乳头状突起，仅脉腋微被髯毛，侧脉8～10对，排列整齐；叶柄长4～5mm，无毛；托叶背部合生而包裹芽。聚伞总状花序；花萼内面中肋中部具喙状突起。核果椭球形，红色、红紫色至紫黑色。花果期5—9月。

生境与分布 见于余姚；生于高海拔林缘。产于嵊州等地；分布于湖北兴山。

主要用途 浙江省重点保护野生植物。形态清雅而优美，果实多色而艳丽，供观赏；根皮、叶入药，具祛风、活血之功效。

143

光叶毛果枳椇

Hovenia trichocarpa Chun et Tsiang var. **robusta** (Nakai et Y. Kimura) Y. L. Chen et P. K. Chou

枳椇属

形态特征　落叶乔木，高达18m。小枝皮孔明显。单叶互生；叶片宽椭圆状卵形、卵形、椭圆状卵形，10～18cm×7～15cm，先端渐尖或长渐尖，基部圆形或微心形，边缘具圆钝锯齿，叶背沿脉常被柔毛，基外三出脉。二歧聚伞花序；花柱3深裂。核果球形，密被锈褐色茸毛；果序轴膨大并扭曲，肉质。花期5—6月，果期8—10月。

生境与分布　见于余姚、北仑、鄞州、奉化、宁海、象山；生于海拔1000m以下的山坡、谷地林中。产于全省山区、半山区；分布于华东及湖南、广东、广西、贵州等地。

主要用途　种子入药，具除烦止渴、解酒毒、利二便之功效；果序轴供食用。

附种　**枳椇**（拐枣）***H. dulcis***，枝、叶、花序、果实均无毛，或仅叶背沿脉被疏短柔毛；叶片边缘有不整齐锯齿；花柱3浅裂。全市各地有栽培。

枳椇

144 马甲子

学名 **Paliurus ramosissimus** (Lour.) Poir.　　属名 马甲子属

形态特征 落叶灌木，稀小乔木，高达6m。小枝深褐色，密被褐色短柔毛。单叶互生；叶片宽卵形、卵状椭圆形或近圆形，3～5.5cm×2.2～5cm，先端钝或圆形，基部楔形至近圆形，稍偏斜，边缘具钝细锯齿，上面沿脉被棕褐色短柔毛，下面幼时密生棕褐色细柔毛，后仅沿脉被柔毛或无毛，三出脉；叶柄基部有2枚紫红色直针刺，刺长0.4～1.7cm。聚伞花序腋生，被黄色茸毛。核果盏状，被茸毛，具木栓质3浅裂窄翅，直径1～1.7cm。花期6—10月，果期8—11月。

生境与分布 见于北仑、奉化、宁海、象山；生于滨海平原、丘陵山坡。产于平阳、苍南、普陀、三门、玉环等地，分布于长江以南地区；朝鲜半岛及日本、越南也有。

主要用途 根、枝、叶、花、果均入药，具解毒消肿、止痛活血之功效；种子油供化工用；可作绿篱。

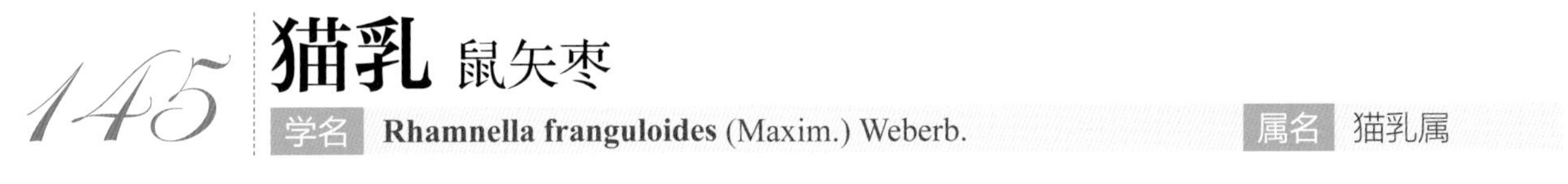

145 猫乳 鼠矢枣

学名 **Rhamnella franguloides** (Maxim.) Weberb.　属名 猫乳属

形态特征　落叶灌木或小乔木，高2～9m。幼枝被柔毛。单叶互生；叶片倒卵状长圆形、倒卵状椭圆形、长圆形或长椭圆形，4～11cm×2～5cm，先端尾状渐尖、渐尖或突短尖，基部圆形、楔形，边缘具细锯齿，下面全面或仅沿脉被柔毛，侧脉5～11对；托叶宿存。聚伞花序腋生，总花梗长1.5～4mm；花黄绿色。核果圆柱形，果色丰富，逐渐由黄色、橙红色、红色变紫黑色。花期5—7月，果期7—10月。

生境与分布　见于除江北外的全市丘陵山地；生于山坡、沟谷疏林下、林缘或灌丛中。产于全省山区、半山区；分布于长江中下游、黄河中下游等地；朝鲜半岛及日本也有。

主要用途　枝叶扶疏，果色鲜艳多变，适于边坡、断面覆绿及公园绿化观赏；根或全株入药，具补气益精之功效。

146 长叶鼠李 长叶冻绿

学名 **Rhamnus crenata** Sieb. et Zucc. 属名 鼠李属

形态特征 落叶灌木或小乔木，高达7m。小枝受光面带红色，顶芽为裸芽，密被锈色柔毛。单叶互生；叶片倒卵状椭圆形、椭圆形或倒卵形，4～14cm×2～5cm，先端渐尖、短突尖，基部楔形，边缘具圆细锯齿，下面被柔毛，侧脉7～12对；叶柄长4～10mm；托叶早落。聚伞花序腋生，总花梗长4～15mm。核果球形，熟时由黄变红，最后成紫黑色。花期5—8月，果期8—10月。

生境与分布 见于慈溪、余姚、北仑、鄞州、奉化、宁海、象山；生于山坡、沟谷疏林下、林缘或灌丛中。产于杭州、台州、丽水及开化等地；分布于秦岭与淮河以南地区；朝鲜半岛、中南半岛及日本也有。

主要用途 供边坡、断面覆绿及风景区和郊野公园美化观赏；根、皮供化工用；根、皮入药；根有剧毒。

147 圆叶鼠李

学名 **Rhamnus globosa** Bunge　　**属名** 鼠李属

形态特征　落叶灌木。具长短枝；当年生小枝被短柔毛，长枝先端具针刺。叶对生或近对生，在短枝上簇生；叶片近圆形、倒卵状圆形或卵圆形，2～6cm×1.2～4cm，先端突尖或短渐尖，基部宽楔形至近圆形，边缘具圆锯齿，两面有毛，下面稍密，侧脉3～4对；叶柄长6～10mm，密被毛；托叶宿存。花簇生。核果球形，熟时黑色。花期4—5月，果期6—10月。

生境与分布　见于全市丘陵山地；生于沟谷、山坡林中、林缘、灌丛等处。产于杭州、台州、丽水及武义、普陀等地；分布于长江中下游、黄河中下游地区及东北地区南部。

主要用途　供边坡、断面覆绿及石景点缀、盆景制作；茎皮、根、果、种子供化工用；果实、根皮、茎、叶入药。

148 尼泊尔鼠李

学名 **Rhamnus napalensis** (Wall.) Laws.　　属名 鼠李属

形态特征　常绿灌木或呈藤状。枝无刺；鳞芽。单叶互生；叶片大小悬殊，较大者6～20cm×3～10cm，宽椭圆形或椭圆状长圆形，基部圆形，边缘具圆波状浅锯齿或钝锯齿，叶背仅脉腋具簇毛，侧脉7～9对；叶柄长1.3～2cm。聚伞总状花序或聚伞状圆锥花序。核果倒卵球形。花期7—9月，果期10—11月。

生境与分布　见于宁海；生于沟谷、溪边林中、林缘。产于丽水及泰顺等地；分布于长江以南地区；南亚及缅甸也有。

主要用途　叶可染布；果、叶煎水治疥癣；供观赏。

冻绿

学名 **Rhamnus utilis** Decne.　属名 鼠李属

形态特征　落叶灌木。当年生小枝被短柔毛，枝端常具针刺；无顶芽，鳞芽鳞片边缘有白色缘毛。单叶对生或近对生，在短枝上簇生；叶片狭长圆形、长圆形或倒卵状椭圆形，5～14cm×2～6cm，先端突尖或锐尖，基部楔形，边缘具细锯齿，下面沿脉或脉腋有金黄色柔毛，侧脉5～8对；叶柄长5～15mm。花簇生于叶腋或聚生于小枝下部。核果球形，熟时黑色。花期4—6月，果期5—8月。

生境与分布　见于全市丘陵山地（江北除外）；生于海拔500m以下的阔叶林或灌丛中。产于杭州、台州、丽水及平阳、开化等地；分布于黄河中下游以南地区。

主要用途　嫩叶可食；树皮、叶、果实或种子供化工用；根、树皮、种子入药。

附种　山鼠李 *R. wilsonii*，具顶芽；单叶互生，稀近对生或在当年生枝基部及短枝顶端簇生；叶片椭圆形、宽椭圆形，稀倒卵状披针形，先端渐尖至尾状，边缘有钩状圆锯齿，两面无毛；叶柄长2～4mm。见于余姚、北仑、鄞州、奉化、宁海、象山；生于海拔1000m以下的山坡疏林下或灌丛中。

山鼠李

150 钩刺雀梅藤

学名 **Sageretia hamosa** (Wall.) Brongn.　属名 雀梅藤属

形态特征　常绿攀援状灌木。小枝常具钩状下弯的粗刺。单叶近对生；叶片长圆形或长椭圆形，9～18cm×4～6cm，先端尾状渐尖、渐尖或短渐尖，基部圆形或宽楔形，边缘具细锯齿，下面中脉疏被长柔毛，有时脉腋具髯毛，侧脉8～10对，在上面明显下陷；叶柄长8～15mm。穗状花序或圆锥花序。核果深红色或紫红色，常被白粉。花期7—8月，果期8—10月。

生境与分布　见于鄞州、宁海；生于海拔800m以下的山谷、坡地、溪边林中。产于温州、丽水及开化、仙居等地；分布于长江以南地区；东南亚至南亚也有。

主要用途　果可生食；根、果实入药。

151 雀梅藤 雀梅

学名 **Sagereti thea** (Osbeck) Johnst. 属名 雀梅藤属

形态特征 常绿灌木或呈藤状。枝顶常呈刺状；幼枝、叶柄密被褐色短柔毛。单叶对生或互生；叶片薄革质或厚纸质，椭圆形、长椭圆形或卵状椭圆形，1～4cm×0.7～2.4cm，先端急尖、钝尖或圆，基部圆形或近心形，边缘有细密锯齿，无毛或下面沿脉被柔毛，侧脉4～5对；叶柄长2～7mm。穗状花序或圆锥状穗状花序；花黄色。核果成熟时黑色或紫黑色。花期7—11月，果期次年3—5月。

生境与分布 见于全市丘陵山地；生于山坡、沟谷、山麓灌丛中或岩石旁。产于全省山区、半山区；分布于长江以南地区。

主要用途 供盆栽观赏，亦作绿篱；果可生食，嫩叶代茶用；根、茎、叶入药。

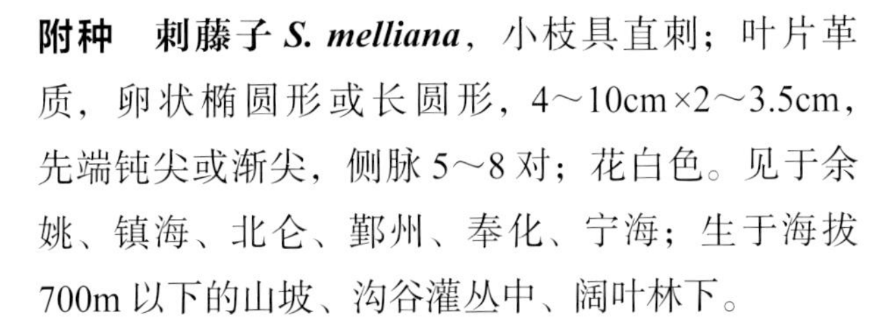

附种 刺藤子 ***S. melliana***，小枝具直刺；叶片革质，卵状椭圆形或长圆形，4～10cm×2～3.5cm，先端钝尖或渐尖，侧脉5～8对；花白色。见于余姚、镇海、北仑、鄞州、奉化、宁海；生于海拔700m以下的山坡、沟谷灌丛中、阔叶林下。

刺藤子

152 枣

学名 **Ziziphus jujuba** Mill.　　属名 枣属

形态特征 落叶小乔木。具长枝和短枝：长枝呈“之”字形曲折，具2托叶刺，一长一短，常脱落，长刺粗直，长达3cm，短刺下弯；短枝距状，当年生枝绿色，弯垂，单生或2～7条簇生于短枝上。单叶互生；叶呈二列状排列；叶片卵形或卵状椭圆形，2.5～7cm×1.5～4cm，先端钝或圆，具小尖头，基部近圆形，边缘具圆锯齿，三出脉。花黄绿色。核果近椭球形，红紫色或暗红色。花期5—7月，果期8—10月。

生境与分布 原产于我国。全市各地有栽培。

主要用途 果实供食用，品种多；供厂矿区、轻盐碱土、平原四旁（村旁、宅旁、路旁、水旁）绿化及园林观赏、桩景制作；果实、根、树皮、叶、果核入药。

附种 **无刺枣** var. ***inermis***，长枝、幼枝均无刺。余姚、奉化有栽培。

二十三 葡萄科 Vitaceae*

153 异叶蛇葡萄

学名 **Ampelopsis brevipedunculata** (Maxim.) Trautv. var. **heterophylla** (Thunb.) H. Hara

属名 蛇葡萄属

形态特征 落叶木质藤本。小枝疏被柔毛；卷须与叶对生。叶互生；叶片宽卵形、心形或近圆形，7～15cm×7～15cm，3～5中裂或深裂，缺裂宽阔，裂口凹圆，中间2缺裂较深，常有不裂叶，先端急尖至渐尖，基部心形，边缘有急尖锯齿，通常齿尖，下面淡绿色，脉上稍有毛。聚伞花序分枝疏散。浆果球形，淡紫色或蓝色。花期5—6月，果期8—9月。

生境与分布 见于全市丘陵区（江北除外）；生于溪沟边、林缘、疏林下或灌丛中。产于全省山区、半山区；分布于华东、华中、华南及辽宁等地。

主要用途 供园林垂直绿化；根、茎入药，具祛风通络、活血止痛之功效。

附种 **牯岭蛇葡萄** var. ***kulingensis***，叶片心状五角形或肾状五角形，明显3浅裂，侧裂片上部明显外倾，先端稍尾状渐尖，基部浅心形，边缘有扁三角形牙齿。见于余姚、北仑、鄞州、奉化、宁海、象山；生于山坡、溪沟边灌丛中。

牯岭蛇葡萄

* 本科宁波有8属24种5变种，其中栽培4种。本图鉴收录7属21种5变种，其中栽培2种。

154 广东蛇葡萄

学名 **Ampelopsis cantoniensis** (Hook. et Arn.) K. Koch　属名 蛇葡萄属

形态特征　落叶或半常绿木质藤本。茎下部常具紫红色下垂气生根；小枝、叶柄、花序轴被灰色短柔毛；枝具棱纹和皮孔；卷须与叶对生。一回或二回羽状复叶互生，后者最下一对小叶常为3小叶；小叶片近革质，形态变异很大，侧生者通常卵形或卵状长圆形，长2～8cm，先端短尖或渐尖，基部钝或圆形，具稀疏而不明显的钝齿，顶生者常倒卵形；叶背浅黄褐色，末级网脉清晰。二歧聚伞花序。浆果由红色转深紫色或紫黑色。花期6—8月，果期9—11月。

生境与分布　产于全市丘陵山地；生于山坡、沟谷林缘或疏林中。产于全省山区、半山区；分布于长江以南各地。

主要用途　枝繁叶茂，嫩叶带红色，秋叶鲜红色或紫红色，果实色彩丰富，下垂气生根紫红色，供边坡、断面、乱石堆覆绿及园林垂直绿化、石景美化；全株入药，具清热解毒、解暑之功效。

155 三裂蛇葡萄

学名 **Ampelopsis delavayana** Planch. ex Franch.　**属名** 蛇葡萄属

形态特征　落叶木质藤本。小枝常带红色，疏生脱落性短柔毛；卷须与叶对生。叶互生；枝上部叶为单叶，3浅裂，宽卵形，5～12cm×5～12cm，先端渐尖，基部心形，边缘有带突尖的浅齿；枝下部叶掌状3(～5)全裂或掌状复叶，中间小叶片长椭圆形或宽卵圆形，长3～8cm，先端渐尖，基部楔形或圆形，有短柄或近无柄，侧生小叶片极偏斜，斜卵形。聚伞花序。浆果球形或扁球形，熟时蓝紫色。花期5月，果期8—9月。

生境与分布　见于余姚、北仑、鄞州、奉化、宁海、象山；生于山坡丛林中、林缘、溪边。产于台州及乐清、普陀等地；分布于吉林、内蒙古以南，四川、甘肃以东地区。

主要用途　供园林垂直绿化；根皮入药，具消肿止痛、解暑之功效。

156 蛇葡萄

学名 **Ampelopsis glandulosa** (Wall.) Momiy. 属名 蛇葡萄属

形态特征 落叶木质藤本。幼枝、叶、花序密被开展灰色柔毛；卷须与叶对生。单叶互生；叶片宽卵状心形，长与宽几相等，各6～8cm，先端渐尖或短尖，基部多心形，3浅裂，有时不裂，边缘有浅圆齿。聚伞花序。浆果近圆球形，由深绿色变紫色再转鲜蓝色。花期6—7月，果期9—10月。

生境与分布 见于除慈溪外的全市丘陵山区；生于山坡疏林中或沟谷溪边灌丛中。产于杭州、湖州、金华、台州及嵊州、诸暨、莲都、龙泉等地；分布于长江以南地区。

主要用途 供边坡、断面、乱石堆覆绿及园林垂直绿化、石景美化。根、藤入药，具清热解毒、祛风活络、止痛、止血之功效。

附种 **光叶蛇葡萄** var. ***hancei***，幼枝、叶无毛，或有长约0.1mm短白毛。见于除江北外的全市丘陵山区；生于林缘或灌丛中。

光叶蛇葡萄

157 白蔹

学名 **Ampelopsis japonica** (Thunb.) Makino　　属名 蛇葡萄属

形态特征　落叶木质藤本。块根粗壮，肉质，纺锤形或圆柱形。幼枝带淡紫色，无毛，具细纵棱纹；卷须与叶对生。掌状复叶互生；小叶3～5，一部分羽状分裂，一部分羽状缺刻，中间小叶片最大，通常羽状分裂，基部小叶片通常不分裂，叶轴和小叶柄有翅，裂片与叶轴连接处有关节，裂片卵形至椭圆状卵形或卵状披针形。聚伞花序。浆果肾形或球形，熟时蓝色或带白色，有针孔状凹点。花期5—6月，果期9—10月。

生境与分布　见于北仑、奉化、宁海、象山；生于山坡林下、荒野路边。产于浙江北部、西部、南部等地；分布于华东、华中、西南及河北、山西、辽宁、吉林、陕西等地。

主要用途　块根、全草入药，具清热解毒、消肿止痛之功效。

158 乌蔹莓 五爪金龙

学名 **Causonis japonica** (Thunb.) Raf. 属名 乌蔹莓属

形态特征 多年生草质藤本。幼枝绿色，老枝紫褐色，具纵棱；卷须与叶对生。鸟足状复叶互生；小叶5；小叶片膜质或纸质，椭圆形或狭卵形，先端急尖至短渐尖，有小尖头，基部楔形至宽楔形，两面中脉有短柔毛或近无毛，中间小叶片较大，长达8cm，每边具8～12(～15)枚锯齿。聚伞花序腋生或假腋生，伞房状，具长梗；花黄绿色。果序上举；浆果卵形，成熟时亮黑色。花期5—6月，果期8—10月。

生境与分布 见于全市各地；生于山坡、溪沟边、路旁杂草丛中、篱笆、墙脚边等处。产于全省各地；分布于秦岭以南地区；东南亚及日本、印度、澳大利亚也有。

主要用途 全草入药，具凉血解毒、利尿消肿之功效。

159 绿爬山虎 青龙藤 绿叶地锦

学名 **Parthenocissus laetevirens** Rehd.　　属名 爬山虎属（地锦属）

形态特征 落叶木质藤本。茎较粗壮；卷须与叶对生，具5～11条细长分枝，幼时顶端膨大成块状，末级吸盘常为黑色肥厚弯钩；嫩芽绿色或绿褐色。掌状复叶互生；小叶5，有时3，侧生小叶与中间小叶同型；小叶片倒卵形或椭圆形，5～12cm×2～5cm，最宽处在中部或近中部，先端急尖或渐尖，基部楔形，边缘有稀疏粗锯齿，上面显著呈泡状隆起，下面无毛或脉上稍被柔毛，侧脉7～10对，两面凸起；叶柄长2～6cm，小叶有短柄或几无柄。聚伞花序开展。浆果蓝黑色。花期6—8月，果期9—10月。

生境与分布 见于全市各地（江北除外）；攀援于山坡崖壁、溪边岩石或墙壁上。产于杭州及泰顺、磐安、仙居、临海、龙泉等地；分布于长江以南多数省份。

主要用途 供边坡、断面、乱石堆覆绿及园林垂直绿化、石景美化；根、藤入药。

附种 **五叶地锦** ***P. quinquefolia***，植株无毛；卷须幼时顶端细尖且微卷曲；嫩芽为红色或淡红色；小叶片倒卵状圆形、倒卵状椭圆形或外侧小叶片椭圆形，最宽处在上部或外侧小叶片最宽处在近中部，先端短尾尖；叶柄长5～14.5cm。原产于北美洲。全市各地有栽培。

160 爬山虎 地锦

学名 **Parthenocissus tricuspidata** (Sieb. et Zucc.) Planch. 属名 爬山虎属（地锦属）

形态特征 落叶木质藤本。卷须与叶对生，短而多分枝，先端膨大成吸盘。叶互生；叶异形：能育枝上叶片宽卵形，10～20cm×8～17cm，先端通常3浅裂，基部心形，边缘具粗锯齿；不育枝上叶片常3全裂或三出复叶，中间小叶片倒卵形，两侧小叶片斜卵形，有粗锯齿；幼枝上叶片较小而不裂。聚伞花序。浆果蓝色。花期6—7月，果期9月。

生境与分布 见于全市丘陵山区；多攀援于山坡、沟谷岩石、树干或墙壁上，常栽培。产于全省各地，分布于华东、华中、华南、华北、东北各地；日本也有。

主要用途 枝叶繁茂，层层密布，叶形丰富，幼叶带红色，秋叶常变红色，供边坡、断面、乱石堆覆绿，墙面、屋顶、树干、花架绿化及石景美化；根、茎入药，具活血通络、祛风、止痛、解毒之功效。

附种 **异叶爬山虎**（异叶地锦）***P. dalzielii***，能育枝上叶片为三出复叶，小叶片边缘具不明显小齿，或近全缘；不育枝上叶片常为单叶；浆果熟时紫黑色。见于余姚、镇海、北仑、鄞州、奉化、宁海、象山；生于山坡岩石上，或林中、崖壁上。

异叶爬山虎

161 美丽拟乌蔹莓

学名 **Pseudocayratia speciosa** J. Wen et L.M. Lu　属名 拟乌蔹莓属

形态特征　多年生草质藤本。小枝有纵棱纹；卷须与叶对生。鸟足状复叶互生；小叶 5；小叶片厚纸质，卵形或椭圆状卵形，先端急尖或渐尖，基部钝圆或宽楔形，两面仅中脉和侧脉上伏生短柔毛，中间小叶片较大，长达 14cm，每边常具 20 枚以上尖锐牙齿。聚伞花序腋生。果序梗红色，下垂，果梗红色；果实球形，直径 0.7～1cm，熟时由鲜红色转为黑色。花期 5—6 月，果期 7—8 月。

生境与分布　见于北仑、鄞州、奉化；生于海拔 300m 以上的山坡或沟谷林中。产于温州、金华、衢州、台州、丽水及诸暨等地。分布于华东、华南。

主要用途　果序红色、下垂，可供观赏。

本种过去曾被鉴定为脱毛乌蔹莓（乌蔹莓属）*Cayratia albifolia* C. L. Li var. *glabra* (Gagnep.) C. L. Li，但后者果序梗绿色，果实成熟时由绿色变为黄色，最后转为黑色。

162 三叶崖爬藤 三叶青 金线吊葫芦

学名 **Tetrastigma hemsleyanum** Diels et Gilg　属名 崖爬藤属

形态特征 多年生常绿草质藤本。块根卵形或椭球形，表面深棕色，里面白色。茎无毛，下部节上生根；卷须不分叉，与叶对生。掌状复叶互生；小叶3，中间小叶片稍大，近卵形或披针形，3～7cm×1.2～2.5cm，先端渐尖，有小尖头，边缘疏生具腺状尖头的小锯齿，侧生小叶片基部偏斜。聚伞花序；花黄绿色。浆果球形，熟时红色。花期5—6月，果期9—12月。

生境与分布 见于慈溪、余姚、北仑、鄞州、奉化、宁海、象山；生于山坡、山谷、溪边林下阴处或灌丛中、岩缝中。产于全省山区、半山区；分布于长江以南地区。

主要用途 浙江省重点保护野生植物。全株入药，具活血散淤、解毒、化痰之功效；枝叶茂密，果色红艳，供垂直绿化观赏。

163 蘡薁

学名 **Vitis bryoniifolia** Bunge　　属名 葡萄属

形态特征　落叶木质藤本。幼枝、叶柄、花序轴、分枝均被锈色或灰色茸毛；卷须与叶或花序对生，有1分枝或不分枝。单叶互生；叶片宽卵形或卵形，4～9cm×2.5～6cm，掌状3～5深裂，一回裂片常再浅裂或深裂，中间裂片最大，菱形，下部常收狭，边缘有缺刻状粗齿，侧生裂片2裂或不分裂，上面疏生短毛，下面密被锈色柔毛。圆锥花序。浆果球形，熟时紫色，直径0.6～1cm。花期4—5月，果熟期7—8月。

生境与分布　见于全市丘陵山地；生于山坡、路旁灌丛或空旷地中。产于全省山区、半山区；分布于秦岭以南及河北、山西等地。

主要用途　供园林垂直绿化、石景美化；果可鲜食及酿酒；根、茎、叶、果实或全株入药，具清热解毒、祛风除湿之功效。

附种　**小叶葡萄 *V. sinocinerea***，幼枝密被脱落性短柔毛；卷须不分枝；叶片在中部不明显或明显3浅裂；浆果直径约5mm。见于余姚、镇海、北仑、鄞州、奉化、宁海、象山；生于海滨山坡灌草丛中。

小叶葡萄

164 刺葡萄

学名 **Vitis davidii** (Roman.) Foëx.　　属名 葡萄属

形态特征　落叶木质藤本。茎粗壮，幼枝密被棕红色软皮刺，皮刺长 2～4mm，老茎上皮刺呈瘤状突起；卷须与叶或花序对生。单叶互生；叶片宽卵形至卵圆形，5～20cm×5～14cm，有时具不明显 3 浅裂，先端短渐尖，基部心形，边缘具波状细锯齿，下面灰白色，仅主脉和脉腋有短柔毛；叶柄疏生小皮刺。圆锥花序。浆果球形，熟时蓝黑色或蓝紫色，直径 1～1.5cm。花期 4—5 月，果期 8—10 月。

生境与分布　见于慈溪、余姚、北仑、鄞州、奉化、宁海、象山；生于山坡阔叶林中、沟谷灌丛中或岩石旁。产于杭州、温州、台州、丽水及开化等地；分布于秦岭以南至南岭诸省份。

主要用途　果供食用；葡萄育种材料；种子供化工用；根入药，具祛风湿、利小便之功效。

165 桑叶葡萄

学名 **Vitis ficifolia** Bunge　　属名 葡萄属

形态特征　落叶木质藤本。小枝、叶柄、花序轴密被白色蛛丝状柔毛；卷须与叶或花序对生。单叶互生；叶片卵形或宽卵形，10～15cm×6～8cm，常3浅裂至中裂并混生有不分裂叶，基部宽心形，边缘有小牙齿，背面密被白色或灰白色短茸毛。圆锥花序，分枝平展。浆果球形，熟时紫黑色，直径约7mm。花期5—6月，果期7—8月。

生境与分布　见于象山；生于山坡、沟谷灌丛中或疏林下。分布于长江中下游和黄河中下游地区。

主要用途　供垂直绿化；果可食；根、茎入药，具止渴、利尿之功效。

166 葛藟葡萄 葛藟

学名 **Vitis flexuosa** Thunb.　　属名 葡萄属

形态特征 落叶木质藤本。枝细长，无毛；卷须与叶或花序对生。单叶互生；茎下部叶扁三角形或心状三角形，长与宽近等长，4～11cm×4～9cm，先端尖或锐尖，上部叶长三角形，基部浅心形或截形，边缘有低平三角形牙齿，下面初时中脉及侧脉有蛛丝状毛，以后仅在基部残留开展短毛，脉腋有簇毛。圆锥花序。浆果球形，蓝黑色，直径约7mm。花期5—6月，果期9—10月。

生境与分布 见于除江北外的全市各地；生于山坡、沟谷疏林下、林缘、灌丛中。产于杭州、台州及开化等地；分布华东、华中、华南、西南等地；日本也有。

主要用途 供边坡、断面、乱石堆覆绿及园林垂直绿化、石景美化；果可食；根、藤汁（葛藟汁）、果实入药。

附种 **华东葡萄** ***V. pseudoreticulata***，枝具脱落性灰白色茸毛；叶片心形、心状五角形或肾形，先端渐尖，基部宽心形，下面沿脉有短毛和蛛丝状柔毛。见于慈溪、余姚、北仑、鄞州、奉化、宁海、象山；生于山坡、沟谷林中、林缘或路旁灌草丛中。

华东葡萄

167 菱叶葡萄 菱状葡萄

学名 **Vitis hancockii** Hance　　属名 葡萄属

形态特征　落叶木质藤本。幼枝密被褐色柔毛，老时疏被灰色薄茸毛；卷须与叶或花序对生。单叶互生；叶片长椭圆形，或菱状卵形至菱状长椭圆形，5～9cm×3.5～6cm，先端渐尖，小枝上部叶基部楔形，下部叶基部宽楔形或近圆形，两侧不对称，边缘具微波状锯齿，疏生柔毛；小枝上部叶几无柄或长仅0.2～0.5cm，下部者叶柄较长。圆锥花序，花序轴有黄褐色薄茸毛；花小，黄色，有香味。浆果球形，直径5～7mm。花期4—5月，果期8—10月。

生境与分布　见于余姚、北仑、鄞州、奉化、宁海、象山；生于山坡疏林下或溪边灌丛中。产于温州、台州、丽水及建德、金华市区等地；分布于安徽、江西、福建。模式标本采自宁波。

主要用途　供园林垂直绿化；果可食。

168 毛葡萄

学名 **Vitis heyneana** Roem. et Schult.　属名 葡萄属

形态特征　落叶木质藤本。幼枝常被白色绵毛，老枝棕褐色；卷须与叶或花序对生。单叶互生；叶片卵形或五角状卵形，10～15cm×6～8cm，不分裂或不明显3裂，先端急尖，基部浅心形或近截形，边缘有波状小齿牙，背面密生灰白色茸毛；叶柄密被蛛丝状柔毛。圆锥花序密被茸毛。浆果球形，熟时紫红色，直径6～8mm。花期6月，果期8—9月。

生境与分布　见于慈溪、北仑、宁海、象山；生于山坡林中、林缘或溪谷边灌丛中。产于丽水及建德、开化、仙居、临海等地；分布于秦岭以南地区。

主要用途　叶形秀美，两面色差显著，供边坡、断面、乱石堆覆绿及园林垂直绿化；果可食；根皮、叶或全株入药。

附种　**腺枝葡萄** var. ***adenoclada***，小枝、叶片下面、叶柄密被灰白色至带淡黄褐色蛛丝状毛；小枝被具腺头的暗褐色至黑色刚毛。见于奉化；生于山坡林缘灌丛中。

腺枝葡萄

169 葡萄

学名 **Vitis vinifera** Linn. 属名 葡萄属

形态特征 落叶木质藤本，粗壮。树皮呈长片状剥落。卷须2分叉，每隔2节间断与叶对生。单叶互生；叶片近圆形，长7～15(～20)cm，3～5裂，基部心形，两侧常靠拢，或多少相互覆叠，边缘有粗齿，两面无毛或下面有短柔毛。圆锥花序；花淡绿色。浆果椭圆状球形或球形，紫红色或淡黄色，被白粉。花期5—6月，果期7—10月。

生境与分布 原产于亚洲西部。全市各地普遍栽培。

主要用途 著名水果；树干遒劲，叶形奇特，硕果晶莹，供盆景制作；根、藤、叶、果入药。

170 网脉葡萄

学名 **Vitis wilsonae** Veitch　　属名 葡萄属

形态特征 落叶木质藤本。幼枝有脱落性白色蛛丝状毛；卷须与叶或花序对生。单叶互生；叶片心形或心状卵形，8～15cm×5～10cm，通常不裂，有时不明显 3 浅裂，边缘有波状牙齿或稀疏小齿，下面沿脉有锈色蛛丝状毛，网脉显著。圆锥花序。浆果球形，熟时蓝黑色，被白粉，直径 0.7～1.2(～1.8)cm。花期 5—6 月，果期 9—10 月。

生境与分布 见于余姚、北仑、鄞州、奉化、宁海、象山；生于山坡、溪谷林下灌丛中。产于杭州、温州、台州、丽水及安吉、诸暨、嵊州、东阳、磐安、龙游、开化等地；分布于秦岭以南至南岭以北各地。

主要用途 供园林垂直绿化；全株入药，用于骨关节酸痛；果可食。

171 俞藤 粉叶爬山虎

学名 **Yua thomsonii** (Laws.) C. L. Li　　属名 俞藤属

形态特征　落叶攀援木质藤本。植株无短枝；卷须与叶或花序对生，2叉分枝，顶端决不膨大成吸盘。掌状复叶互生；小叶5；小叶片薄革质，卵形至卵状披针形，先端渐尖或尾状渐尖，基部楔形至宽楔形，边缘上半部具细锐锯齿，下面被白粉，中间小叶片较大，4～7cm×1.5～3cm，明显具柄，侧生小叶片较小，具短柄或近无柄。复二歧聚伞花序。果实扁球形，黑色，果梗不增粗，无瘤状皮孔。花期5—6月，果期7—9月。

生境与分布　见于余姚、鄞州、奉化；常攀援于山坡岩石上或树上。产于杭州、衢州、丽水及文成、婺城、武义等地；分布于华东、华中、西南及广西等地。

主要用途　供园林垂直绿化；根、茎入药，具清热解毒、祛风除湿之功效；果可鲜食。

二十四 杜英科 Elaeocarpaceae*

172 中华杜英 华杜英

学名 **Elaeocarpus chinensis** (Gardn. et Champ.) Hook. f. ex Benth. 属名 杜英属

形态特征 常绿小乔木，高达6m。树皮褐色，不裂；小枝疏被短毛。单叶互生；叶片多聚生于小枝顶端，狭卵形、卵状披针形或狭椭圆形，4～7.5cm×1.5～3cm，先端渐尖，基部宽楔形，边缘具浅锯齿，老时两面无毛，下面有黑色腺点，侧脉4～6对；叶柄长1～3cm，顶端稍膨大。花黄白色，花瓣外面有毛，先端有数个浅齿刻。核果椭球形，长0.8～1cm，蓝黑色。花期2月，果期5—6月。

生境与分布 见于鄞州、奉化、宁海；生于海拔800m以下的山坡阔叶林中。产于杭州、温州、台州、丽水及义乌、江山、开化等地；分布于华南及江西、福建、湖北、湖南、云南、贵州等地；越南、老挝也有。

主要用途 四季常有红叶，供园林观赏；树皮供化工用；根、叶、花入药。

＊本科宁波有2属6种，其中栽培1种。本图鉴收录2属5种。

173 杜英

学名 **Elaeocarpus decipiens** Hemsl.　　属名 杜英属

形态特征　常绿乔木，高达10m。树皮灰褐色，不裂；嫩枝具短毛。单叶互生；叶片长圆状披针形或披针形，6～13.5cm×2～4cm，先端渐尖，基部楔形，边缘有锯齿，下面脉上有毛；叶柄长0.5～1.5cm。花淡白色，花瓣先端撕裂至中部，丝状，外面无毛。核果椭球形或卵球形，长2～3cm。花期3月，果期9—10月。

生境与分布　见于北仑、鄞州、宁海、象山；生于低海拔向阳山坡、沟谷旁常绿阔叶林中。产于温州、衢州、台州、丽水及建德等地；分布于华东、华南、西南及湖南等地；日本、越南也有。

主要用途　树干端正，枝叶茂密，四季常有红叶，供园林绿化；成熟果实可食。

174 秃瓣杜英

学名 **Elaeocarpus glabripetalus** Merr. 属名 杜英属

形态特征 常绿乔木，高达10m。树皮灰褐色，不裂；枝、叶无毛；嫩枝有棱，红褐色。单叶互生；叶片倒披针形，7～13cm×2～4.5cm，先端短渐尖，基部楔形，边缘近中部以上有不明显钝锯齿，干后黄绿色；叶柄长约0.5cm。花淡白色，花瓣无毛，先端撕裂至中部，呈流苏状；花药顶端有毛丛。核果椭球形，长1.3～1.5cm。花期6—7月，果期10—11月。

生境与分布 见于慈溪、余姚、北仑、鄞州、奉化、宁海、象山；生于海拔800m以下湿润的山坡、沟谷常绿阔叶林中，全市各地普遍栽培。产于全省山区、半山区；分布于长江以南地区。

主要用途 树干通直，冠大荫浓，四季有零星红叶，供山区生态林营造及园林观赏。

175 薯豆 日本杜英

学名 **Elaeocarpus japonicus** Sieb. et Zucc.　属名 杜英属

形态特征 常绿乔木，高达12m。树皮灰褐色，不裂。单叶互生；叶片矩圆形或椭圆形，先端尖锐，基部圆形或近圆形，7～14cm×3～5.5cm，边缘有疏锯齿，初时两面密被银灰色绢毛，很快秃净，下面有黑色腺点，侧脉6～7对，网脉两面均明显；叶柄长2.7～7cm，顶端稍膨大成关节状。花绿白色，花瓣两面有毛，先端有数个浅齿。核果椭球形，长1～1.5cm，蓝绿色。花期5—6月，果期9—10月。

生境与分布 见于余姚、北仑、鄞州、奉化、宁海、象山；生于海拔300m以上的山谷、山坡或溪沟边常绿阔叶林中。产于杭州、温州、金华、衢州、台州、丽水等地；分布于长江以南地区；日本、越南也有。

主要用途 四季常有红叶，供园林绿化。

176 猴欢喜

学名 **Sloanea sinensis** (Hance) Hemsl.　属名 猴欢喜属

形态特征　常绿乔木，高达10m。树皮灰褐色，皮孔密集；枝、叶无毛；小枝褐色。单叶互生，叶常集生于小枝上部；叶片狭倒卵形或椭圆状倒卵形，5～12cm×2.5～5cm，先端渐尖，基部宽楔形，中部以上疏生钝齿或近全缘；叶柄顶端增粗。花数朵簇生于枝顶或上部叶腋，绿白色，花梗长3～6cm。蒴果卵球形，直径3～5cm，密被长刺毛，成熟后4～6裂，室内壁紫色；假种皮橙黄色。花期6—8月，果期10—11月。

生境与分布　见于宁海；生于向阳山坡、沟谷的常绿阔叶林中。产于温州、台州、丽水及淳安、衢江、开化等地；分布于长江以南多数省份。

主要用途　果大而奇特，供园林绿化观赏；树皮、果壳供化工用；根入药，具健脾和胃、祛风、益肾之功效。

二十五 椴树科 Tiliaceae*

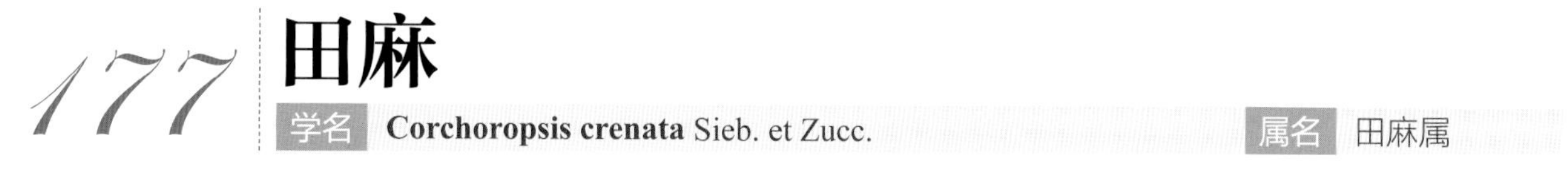

177 田麻

学名 **Corchoropsis crenata** Sieb. et Zucc. 属名 田麻属

形态特征 一年生草本，高 0.3～1m。枝、叶两面均密生星状柔毛，嫩枝尤甚。单叶互生；叶片卵形、长卵形至卵状披针形，2.5～6cm×1～4cm，先端急尖至渐尖、长渐尖，基部截形、圆形或微心形，边缘有钝牙齿，基出脉 3 条。花单生于叶腋，有细长梗；花瓣黄色；雄蕊 5 束，每束 3 枚。蒴果角状圆筒形，长 1.7～3cm，散生星状柔毛。花期 8—9 月，果期 9—10 月。

生境与分布 见于全市丘陵山区；生于山谷、溪边、路旁疏林下或灌草丛中。产于全省山区、半山区；分布于华东、华中、华南、西南、华北、东北；朝鲜半岛及日本也有。

主要用途 纤维植物；全草入药，具清热解毒、止血之功效。

* 本科宁波有 4 属 6 种 2 变种。本图鉴全部收录。

178 扁担杆

学名 **Grewia biloba** G. Don　　属名 扁担杆属

形态特征　落叶灌木。小枝密被黄褐色星状毛。单叶互生；叶片变异大，通常椭圆形或长菱状卵形，2.5～10cm×1～5cm，先端急尖至渐尖，基部楔形至圆形，边缘具不整齐锯齿，上面近无毛，下面疏生星状毛或几无毛，基出脉3条；叶柄密被星状毛；托叶钻形。聚伞花序与叶对生；花黄绿色，较大，花瓣较短；雄蕊黄色，开展，花柱不伸出雄蕊。核果橙红色，老时暗红色，顶端4裂或2裂。花期6—8月，果期8—10月。

生境与分布　见于全市丘陵山区；生于沟谷、溪边的林下、林缘或灌丛中。产于全省山区、半山区；分布于长江以南地区。

主要用途　红果经久不凋，供观赏或食用；纤维植物；种子供化工用；根、枝、叶入药。

附种　**小花扁担杆**（扁担木）var. ***parviflora***，叶片下面密被星状毛；花较小，花瓣较长；雄蕊绿白色，直立，花柱比雄蕊长。见于鄞州、奉化、象山；生于溪边疏林下。

小花扁担杆

179 秃糯米椴

学名 **Tilia henryana** Szysz. var. **subglabra** V. Engl.　　属名 椴树属

形态特征　落叶乔木，高可达 15m 以上。小枝初有星状毛，后脱落无毛。单叶互生；叶片卵形或宽卵形，6～10cm×6～11cm，先端短渐尖，基部斜心形或截形，边缘具粗锯齿，齿端具芒，芒长 2～5mm，下面被星状毛，后逐渐秃净，但脉腋有簇毛。聚伞花序，总花梗与苞片近中部结合。核果具 5 条贯顶而明显凸起的棱脊。花期 6—7 月，果期 8—10 月。

生境与分布　见于奉化、宁海；生于较高海拔的山坡、山谷林中或溪边。产于湖州及临安、磐安、龙游、临海、仙居等地；分布于华东、华中。

主要用途　供园林观赏；纤维植物；花、嫩叶可代茶用；根入药，具祛风、活血、镇痛之功效；蜜源植物。

180 华东椴 日本椴

学名 **Tilia japonica** (Miq.) Simonk.　属名 椴树属

形态特征 落叶乔木，高达20m。小枝幼时疏被星状毛，后秃净。单叶互生；叶片近圆形、宽卵形或卵圆形，5～8(～10)cm×4.5～8cm，先端短渐尖至渐尖，基部偏斜，心形或截形，叶缘具稍不整齐的尖锐锯齿，有时先端可延伸成芒，但芒长不超过1mm，下面幼时沿脉及脉腋有毛，其余部分有时疏生星状毛，以后仅脉腋有褐色簇毛。聚伞花序，总花梗与苞片近中部结合。核果球形或近球形，无棱。花期6—7月，果期8—9月。

生境与分布 见于余姚、奉化、宁海、象山；生于较高海拔的山谷坡地、溪边林中。产于台州及临安、淳安、安吉、磐安、缙云、景宁、遂昌等地；分布于安徽、山东；日本也有。

主要用途 叶形秀美，供园林观赏；根、根皮入药，具强壮、止咳之功效；蜜源植物。

181 南京椴

学名 **Tilia miqueliana** Maxim.　属名 椴树属

形态特征　落叶乔木，高达 15m。小枝密被灰白色至灰褐色星状茸毛。单叶互生；叶片三角状卵形、卵形或卵圆形，5.5～11cm×4～10cm，先端急尖至渐尖，基部偏斜，心形或截形，边缘具短尖锯齿，背面密被交织的灰白色至灰褐色星状毛，脉腋无簇毛；叶柄被星状毛；萌芽枝上的叶较薄，叶背毛稀疏。聚伞花序下垂，总花梗与苞片近中部结合。核果无棱或仅在基部具 5 棱。花期 5—7 月，果期 8—10 月。

生境与分布　见于慈溪、余姚、北仑、鄞州、奉化、宁海、象山；生于海拔 200m 以上的山谷坡地林中或林缘。产于湖州、台州及临安、桐庐、磐安、普陀等地；分布于华东及广东。

主要用途　嫩叶猩红，秋叶色黄，叶形娟秀，苞片奇特，适于山区生态林营造及风景区、公园、庭园绿化观赏；纤维植物；蜜源植物；根皮、树皮、花入药。

附种　**短毛椴**（庐山椴）***T. chingiana***，小枝无毛，有时在枝节处有星状毛；叶片边缘下半部锯齿常退化或近全缘，背面被均匀而互不交织的星点状短星状毛；叶柄无毛。见于余姚、奉化、宁海；生于中高海拔的山坡、溪边林中。

短毛椴

182 单毛刺蒴麻

学名 **Triumfetta annua** Linn. 属名 刺蒴麻属

形态特征 一年生草本，高 0.3～1m。茎一侧有长柔毛，余被稀疏柔毛，基部稍木质化。单叶互生；叶片卵形，稀卵状披针形，4～12cm×1.5～7cm，先端渐尖至长渐尖，基部圆形或微心形，有时略偏斜，边缘具粗锯齿，两面疏生粗长柔毛，基出脉 3～5 条；叶柄一侧被柔毛。聚伞花序腋生；花黄色，子房被刺毛。蒴果扁球形，刺长 3～5mm，顶端钩状。花期 8—10 月，果期 10—11 月。

生境与分布 见于余姚、北仑、鄞州、奉化、宁海、象山；生于山坡或路边草丛中。产于衢州、丽水及临安、吴兴、长兴、武义、泰顺等地；分布于长江以南地区。

主要用途 纤维植物；根入药，具祛风、活血、镇痛之功效。

二十六　锦葵科 Malvaceae*

183 咖啡黄葵 秋葵 黄秋葵

学名 **Abelmoschus esculentus** (Linn.) Moench　**属名** 秋葵属

形态特征　一年生草本，高0.7～1.5m。幼茎、叶两面、叶柄、果疏被刺毛或硬毛。单叶互生；叶片轮廓近圆形，直径10～23cm，通常3～5浅裂，基部微心形或平截，裂片卵状三角形或三角形，中裂片深达叶片之半，边缘具粗齿。花单生于叶腋，花梗长1～2cm；小苞片8～10；花冠黄色，花心紫红色，直径5～7cm，柱头紫红色。蒴果柱状尖塔形，长10～20cm，直径1.5～2cm，顶端具长喙。花期7—9月，果期9—10月。

生境与分布　原产于印度。全市各地有栽培。

主要用途　嫩果作蔬菜；种子炒熟磨粉后代茶（咖啡）饮用；种油食用或供工业用；根、皮、种子或全株入药。

附种1　**黄蜀葵** ***A. manihot***，叶片掌状5～9深裂，裂片长圆状披针形；小苞片4～5；花冠淡黄色，直径8～12cm，柱头紫黑色；蒴果卵状椭圆形至卵状长圆形，长4～6cm，直径约2.5cm。慈溪、余姚、北仑、鄞州、奉化、宁海、象山及市区均有栽培。

附种2　**箭叶秋葵** ***A. sagittifolius***，叶形多样，茎下部叶卵形，中部以上叶片卵状戟形、箭形至掌状3～5浅裂或深裂，裂片宽卵形至宽披针形；花红色，直径4～5cm，花心近白色，柱头紫色；蒴果卵形或长球形，长2.5～4cm，具短喙。鄞州、宁海有栽培。

* 本科宁波有10属22种2变种5品种，其中栽培15种1变种5品种。本图鉴收录8属19种2变种5品种，其中栽培12种1变种5品种。

黄蜀葵

箭叶秋葵

184 红萼苘麻 蔓性风铃花

学名 **Abutilon megapotamicum** (A. Spreng.) A. St.-Hil. et Naudin **属名** 苘麻属

形态特征 常绿蔓生灌木。全体被柔毛。枝条纤细，柔软，多分枝，幼枝绿色或红褐色。叶互生；叶片纸质，三角状心形，长5～10cm，不裂或3～5浅裂，先端长渐尖，基部心形，边缘具不等大粗圆齿；叶柄细长。花单生于叶腋；花梗细长，下垂；花萼红色，灯笼状，长约2.5cm，具5条纵棱脊，先端5裂至萼长的1/5；花瓣5，黄色，长约4cm，基部一半以上有花萼套被，柱头深棕色，伸出花瓣约1.3cm长。果未见，花期全年。

生境与分布 原产于南美洲的巴西等国。宁海、象山等地有栽培。

主要用途 花美丽，供观赏。

附种 **纹瓣悬铃花**（金铃花）***A. striatum***，叶掌状3～5深裂；花萼基部绿色，上部渐变为黄色，钟状，纵棱多数，先端5深裂达萼长的3/4；花瓣橘黄色，具紫红色脉纹。象山有栽培。

纹瓣悬铃花

185 苘麻

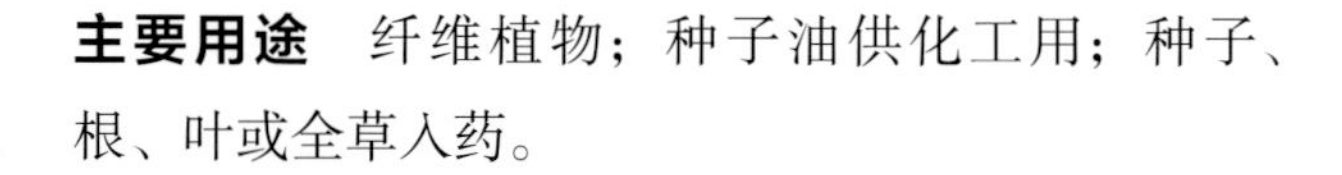
学名 **Abutilon theophrasti** Medik. 属名 苘麻属

形态特征 一年生草本，高0.5～2m。茎直立，绿色，被柔毛。单叶互生；叶片圆心形，长5～12cm，宽与长几相等，先端长渐尖，基部心形，边缘具细圆锯齿，两面均密被星状柔毛。花单生于叶腋，有时成近总状花序；花瓣黄色。蒴果半球形，直径约2cm，分果瓣15～20，被粗毛，顶端具2长芒。花期6—8月，果期8—10月。

生境与分布 见于全市各地；生于路旁、荒地、田野、房屋边。我国除青藏高原外，各地均产。

主要用途 纤维植物；种子油供化工用；种子、根、叶或全草入药。

186 蜀葵 一丈红

学名 **Alcea rosea** (Linn.) Cav.　属名 蜀葵属

形态特征　二年生草本，高达2m。茎直立，常丛生，不分枝，被星状毛和刚毛。单叶互生；叶片近圆心形或长圆形，6～17cm×5～20cm，掌状3～7浅裂或具波状棱角，基部心形至圆形，裂片三角形或圆形，边缘具圆齿，两面被星状毛，下面具长硬毛。花单生或近簇生于叶腋，或排成总状花序式，具叶状苞片；花大，直径6～8cm，红、紫、白、粉红、黄或黑紫等色，单瓣或重瓣。果圆盘状，直径约2cm，分果瓣近圆形。花果期5—11月。

生境与分布　原产于我国西南部。全市各地有栽培。

主要用途　花大而色彩丰富，供观赏；全草入药，具清热止血、消肿解毒之功效；花瓣供化工用；茎皮纤维可代麻用。

187 陆地棉 大陆棉

学名 **Gossypium hirsutum** Linn. 属名 棉属

形态特征 一年生草本，高1～1.5m。嫩枝、嫩叶疏被长柔毛。单叶互生；叶片宽卵形，长5～12cm，长与宽近相等或较宽，通常3浅裂，稀5裂，中裂片常深裂达叶片之半，基部心形，裂片宽三角状卵形，先端急尖；托叶卵状镰形，早落。花单生于叶腋；小苞片3，分离，长达4cm，基部心形，有1腺体，边缘具7～13个渐尖形长齿裂；花萼杯状，三角形，具缘毛；花冠直径5～6cm，乳白色，开放后变淡紫红色。蒴果卵球形，长3.5～4.5cm，具喙。种子具白色长棉毛和灰白色不易剥离的短纤毛。花期8—10月，果期9—11月。

生境与分布 原产于墨西哥。全市各地有栽培。

主要用途 棉纤维为优良的纺织原料；种子可榨油；根、种子入药。

188 海滨木槿

学名 **Hibiscus hamabo** Sieb. et Zucc. 属名 木槿属

形态特征 落叶灌木或小乔木状，高1～4m。小枝、叶柄、托叶、花梗、小苞片、花萼均密被灰白色或淡黄色星状茸毛和细伏毛。单叶互生；叶片倒卵圆形、扁圆形或宽倒卵形，3～6cm×3.5～7cm，宽稍大于长，先端圆形或近平截，具突尖，基部圆形或浅心形，边缘中上部具细圆齿，上面具星状毛，下面密被毡状茸毛和疏伏毛，具5～7脉。花单生，花冠钟状，直径5～6cm，淡黄色，花心暗紫色，柱头暗红色。蒴果卵形或卵球形，密被黄褐色星状茸毛和细刚毛。花期6—8月，果期8—9月。

生境与分布 见于北仑、奉化、象山；生于海滨盐土上；全市各地有栽培。产于定海等地；朝鲜半岛及日本也有。

主要用途 浙江省重点保护野生植物。海涂造林树种，又供园林绿化观赏、盆景制作；纤维植物。

189 木芙蓉 芙蓉花

学名 **Hibiscus mutabilis** Linn. 属名 木槿属

形态特征 落叶灌木或小乔木，高2～5m。小枝、叶柄、花梗、花萼均密被星状毛与短柔毛相混的细绵毛。单叶互生；叶片宽卵形至卵圆形或心形，直径10～17cm，常掌状5～7浅裂，基部截形至近心形，裂片三角形，先端渐尖，具钝圆锯齿，两面被星状毛，主脉7～11条。花单生，或排成总状花序式，花梗近顶端具关节；花直径约8cm，单瓣，初开时白色或淡红色，后变深红色，花心紫红色。蒴果扁球形，被淡黄色刚毛和绵毛。花期8—10月，果期10—11月。

生境与分布 原产于湖南。全市各地有栽培。

主要用途 花大而艳丽，供园林观赏；根、叶、花入药，具清热凉血、消肿解毒之功效；嫩叶、花可食。

附种1 重瓣木芙蓉‘Plenus’，花重瓣。全市各地有栽培。

附种2 芙蓉葵（大花秋葵）***H. moscheutos***，多年生草本；叶片卵形至卵状披针形，先端尾状渐尖，边缘具钝圆锯齿；花单生于枝端叶腋，花冠直径10～15cm，有粉红、红、白、米黄等色；蒴果无毛。江北有栽培。

重瓣木芙蓉

芙蓉葵

190 玫瑰茄

学名 **Hibiscus sabdariffa** Linn. 属名 木槿属

形态特征 一年生草本，高 1～2m。茎直立，有分枝，淡紫色；枝、叶两面均无毛。单叶互生；叶异形，下部叶卵形，不分裂，上部叶掌状 3 深裂，基部圆形至宽楔形，裂片披针形，下面中脉具腺体；叶柄疏被柔毛。花单生，花梗近顶端有关节；花梗、小苞片、花萼、柱头紫红色或暗紫红色；花冠淡黄色，花心深红色，直径 4～5cm。蒴果卵球形，直径 1.5cm，密被硬毛。花期 8—9 月。

生境与分布 原产于非洲。奉化、宁海、象山有栽培。

主要用途 花萼、小苞片肉质，味酸，含水溶性紫色素，供制果酱或用作饮料与食品的着色剂；花萼入药，具清热解毒、敛肺止咳之功效；纤维植物；供观赏。

191 木槿 槿漆

学名 **Hibiscus syriacus** Linn. 属名 木槿属

形态特征 落叶灌木。嫩枝被黄褐色星状毛。单叶互生；叶片菱状卵形或三角状卵形，4～8cm×2～5cm，中部以上具深浅不同的3裂或不裂，先端渐尖或钝，基部楔形，边缘具不整齐粗齿，主脉3条，两面均隆起，下面脉上疏被毛或近无毛。花单生，直立，花梗长4～14mm；花冠钟形，直径5～6cm，淡紫色，花心紫红色；雄蕊柱长约3cm。蒴果卵球形，被毛。花期7—10月，果期9—11月。

生境与分布 原产于我国中部。全市各地广泛栽培，偶见逸生于丘陵溪沟边或疏林下。

主要用途 花色美丽，娇艳夺目，花期长，抗逆性强，适于厂矿区、盐碱土绿化及公园、庭园观赏，也可作绿篱。嫩叶、花可食；叶可洗发；纤维植物；全株入药。

本种宁波常见栽培的品种有：白花重瓣木槿'Albus-plenus'（花白色，重瓣，直径6～10cm），余姚、奉化、宁海、象山有栽培；大花木槿'Grandiflorus'（花粉红色，单瓣），宁波市区有栽培；牡丹木槿'Paeoniflorus'（花粉红色至淡红色，重瓣，直径7～9cm），全市各地有栽培；白花木槿'Totus-albus'（花纯白色，单瓣），余姚、鄞州、奉化、宁海、象山有栽培。

附种 **朱槿**（扶桑）***H. rosa-sinensis***，常绿灌木；叶片宽卵形至长卵形，不分裂；花常下垂，花梗长3～7cm，雄蕊柱长4～9cm，突出于花冠外；蒴果光滑无毛。宁海、象山及市区有栽培。

白花重瓣木槿

大花木槿

牡丹木槿

白花木槿

朱槿（扶桑）

192 锦葵

学名 **Malva cathayensis** M. G. Gilb., Y. Tang et Dorr　属名 锦葵属

形态特征　二年生草本，高0.5～1.5m。茎直立，多分枝，疏被粗毛。单叶互生；叶片圆心形或肾形，4～10cm×5～11cm，基部近心形或圆形，裂片钝圆，边缘具不整齐圆锯齿，两面均无毛或仅脉上疏被短糙伏毛。花3～15朵簇生于叶腋，花梗长1～3cm；小苞片长圆形；花冠紫红色，后变蓝紫色，稀白色，直径2.5～4cm。果扁球形，分果瓣9～11，背面具网纹，疏被柔毛。花期5—7月，果期7—8月。

生境与分布　原产于我国和印度。宁海、象山有栽培。

主要用途　供庭园观赏；嫩苗作蔬菜；茎、叶、花入药，具清热利湿、理气通便之功效。

193 野葵

学名 **Malva verticillata** Linn. 属名 锦葵属

形态特征 二年生草本，高 0.4～0.8m。茎直立，被星状长柔毛。单叶互生；叶片肾圆形至圆形，直径 3～11cm，宽略大于长，通常掌状 5～7 浅裂，基部近截形，稍下延，裂片三角形，有钝尖头，边缘具钝齿，两面疏被糙伏毛或近无毛。花小，3 至多朵簇生于叶腋，花梗长约 3mm；小苞片条状披针形；花冠淡白色至淡红色，直径 8～10mm。果扁球形，分果瓣 10～11，背面光滑无毛，两侧具辐射状网纹。花期 4—5 月，果期 6—7 月。

生境与分布 见于奉化；生于村旁、路旁或山野。产于杭州市区、龙泉等地；分布于华东、华中、华南、西南等地；印度、缅甸及欧洲也有。

主要用途 嫩苗作蔬菜；种子、全草入药，具利尿解毒、润肠通便之功效。

附种 1 **冬葵**（冬寒菜）var. ***crispa***，叶片极皱缩扭曲，幼叶更甚；花冠白色，先端淡紫色。北仑有栽培。

附种 2 **中华野葵**（华冬葵）var. ***rafiqii***，叶片浅裂，裂片钝圆；花簇生，花梗不等长，其中有 1 花梗特长（长 1～2cm）。见于北仑；生于山野路旁。

冬葵

中华野葵

194 桤叶黄花稔

学名 **Sida alnifolia** Linn.　　属名 黄花稔属

形态特征　半灌木，高约1m。枝、叶两面、叶柄、花梗、花萼均被星状柔毛，在叶柄、花梗、花萼上较密。单叶互生；叶片卵形、菱状卵形或卵状披针形，2～4cm×0.8～2cm，先端急尖或钝圆，基部圆形至宽楔形，边缘具锯齿，下面被灰绿色长柔毛；托叶钻形。花单生于叶腋，花梗中部以上具关节；花冠黄色，直径约1cm，雄蕊柱被长硬毛。果近球形，分果瓣6～8。花期7—10月，果期秋季至初冬。

生境与分布　见于北仑、鄞州、奉化、宁海、象山；生于疏林下或灌草丛中。产于乐清等地；分布于华南及江西、福建、台湾、云南等地；越南、印度也有。

主要用途　供边坡、断面绿化及公园观赏；根、叶入药，具清热拔毒之功效。

附种　**白背黄花稔** ***S. rhombifolia***，叶片背面灰白色或绿白色；雄蕊柱无毛；分果瓣8～10。见于慈溪、北仑、奉化；生于山麓溪沟边、村旁坡地石隙中、废弃山塘及路边、田塍等处。

白背黄花稔

195 地桃花

学名 **Urena lobata** Linn. 属名 梵天花属

形态特征 半灌木，高 0.5～1m。小枝、叶两面、叶柄、花梗、花萼、花瓣均被星状茸毛、柔毛或绵毛。单叶互生；茎下部叶近圆形，4～5cm×5～6cm，先端浅3裂，基部圆形或近心形，边缘具锯齿，中部者卵形或宽卵形，5～9cm×3～6.5cm，上部者长圆形至披针形，较小。花腋生，单生或近簇生，花冠淡红色，直径约15mm。果扁球形，直径0.8～1cm，分果瓣被锚状钩刺和星状短柔毛。花果期7—11月。

生境与分布 见于慈溪、北仑；生于草坡、疏林下或空旷地。产于浙江中南部地区；分布于长江以南地区；东南亚及日本、印度也有。

主要用途 纤维植物；全株入药，具行气活血、祛风解毒之功效。

二十七 梧桐科 Sterculiaceae*

196 梧桐 青桐

学名 **Firmiana simplex** (Linn.) F. W. Wight 属名 梧桐属

形态特征 落叶乔木，高达15m。干形通直；树皮青绿色，平滑。单叶互生，多集生于枝顶；叶片大型，直径15～35cm，掌状3～5裂，基部心形，裂片三角形，先端渐尖，全缘，两面无毛或略被短柔毛，基出脉7条。圆锥花序顶生。蓇葖果，果皮成熟时开裂成叶状，6～11cm×1.5～2cm。种子圆球形，褐色。花期6月，果期11月。

生境与分布 见于鄞州、奉化、象山；生于丘陵山坡林中；全市各地常栽培。浙江各地均产，常见栽培；分布于黄河以南地区。

主要用途 树体高大，冠如巨伞，叶翠枝青，秋叶金黄，适于公路、街道、厂矿区、平原四旁（村旁、宅旁、路旁、水旁）绿化及公园、庭园栽培观赏；纤维植物；种子可炒食；根、树皮、叶、花、种子入药。

* 本科宁波有2属2种。本图鉴全部收录。

197 马松子

学名 **Melochia corchorifolia** Linn.　**属名** 马松子属

形态特征　半灌木状草本，高 0.2～1m。枝疏被星状柔毛。单叶互生；叶片卵形或披针形，1～7cm×1～2cm，先端急尖或钝，基部圆形或心形，边缘有锯齿，上面近无毛，下面疏生柔毛，基出脉 3 条。花无柄，密集成聚伞花序或团伞花序；小苞片条形，混生于花序内；花瓣 5，淡红色或白色。蒴果圆球形，有 5 棱，直径 5～6mm，被长柔毛。花期 8—10 月，果期 9—11 月。

生境与分布　见于全市各地；生于田野、山坡、路旁草丛中。产于全省各地；广泛分布于长江以南地区；亚洲热带地区也有。

主要用途　茎皮富含纤维，供编织用；茎、叶入药，具清热利湿之功效。

二十八　猕猴桃科 Actinidiaceae*

198 软枣猕猴桃

学名 **Actinidia arguta** (Sieb. et Zucc.) Planch. ex Miq.　　属名 猕猴桃属

形态特征　落叶木质藤本。小枝幼时被毛，老枝无毛或疏被污灰色皮屑状毛；髓心白色至淡褐色，片层状。单叶互生；叶片宽卵形至长圆状卵形，6～13cm×3～9.5cm，先端具短尖头，边缘密生细锐锯齿，齿尖不内弯，下面无白粉，脉腋有髯毛，有时沿中脉两侧疏生短刚毛和卷曲柔毛。聚伞花序腋生或腋外生，一至二回分枝，具1～7花；萼片5，稀4或6，有缘毛；花瓣绿白色；花药暗紫色。浆果圆球形至长球状圆柱形，长2～3cm，果顶有尖喙，熟时暗紫色，萼片脱落。花期5—6月，果期8—10月。

生境与分布　见于余姚、北仑、奉化、宁海；生于海拔1000m以下的山坡疏林中、林缘岩石上或灌丛中。产于台州、丽水及临安、新昌、婺城、武义等地；分布于华东、东北、华北、西南。

主要用途　供园林垂直绿化；果可食，供酿酒或加工蜜饯、果脯；根、叶、果入药。

附种　**黑蕊猕猴桃** ***A. melanandra***，小枝无毛；叶片椭圆形至长圆形，边缘具内弯锯齿，下面粉白色；花药黑色。见于余姚；生于海拔900m以下的山坡林中、沟谷旁。

黑蕊猕猴桃

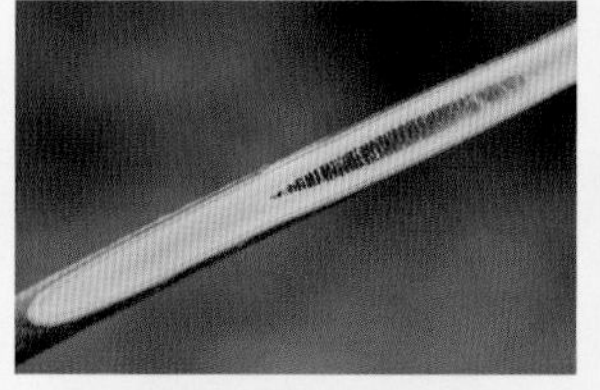

---

* 本科宁波有1属8种1变种，其中栽培1种。本图鉴全部收录。

199 异色猕猴桃

学名 **Actinidia callosa** Lindl. var. **discolor** C. F. Liang **属名** 猕猴桃属

形态特征 落叶木质藤本。枝叶无毛（萌发枝的枝叶有毛）；嫩枝坚硬，干后灰黄色，老枝灰褐色；髓心淡褐色，实心，稀片层状。单叶互生；叶片椭圆形、长椭圆形至倒卵形，5～11cm×1.5～5cm，边缘具粗钝或波状锯齿，通常上部锯齿粗大；叶柄长1～4cm。花序具1～3花；花梗纤细；萼片5；花瓣白色。浆果乳头状球卵形或长球形，长1.5～2cm，有斑点，萼片宿存而反折。花期5—6月，果期10—11月。

生境与分布 见于余姚、北仑、鄞州、奉化、宁海、象山；生于海拔400～600m的山地沟边林中或林缘。产于全省山区、半山区；分布于长江以南地区。

主要用途 供园林垂直绿化；茎、叶、果入药，具利尿通淋、祛风除湿、止痛之功效；果可食。

200 中华猕猴桃 藤梨

学名 **Actinidia chinensis** Planch. 属名 猕猴桃属

形态特征 落叶木质藤本。幼枝密被脱落性灰白色短茸毛或锈褐色硬毛状刺毛，老枝叶痕显著隆起；髓心白色或淡褐色，片层状。单叶互生；叶片宽倒卵形至宽卵形，6～12cm×6～13cm，先端突尖、微凹或截平，基部钝圆、截平或浅心形，具刺毛状小齿，下面密生星状茸毛。聚伞花序腋生；萼片3～7；花直径2.5cm，花瓣白色，后变淡黄色，清香。浆果球形、卵球形或椭球形，长4～5cm，密被脱落性短茸毛，具斑点。花期4—5月，果期9—10月。

生境与分布 见于全市丘陵山地；生于向阳山坡、沟谷溪边之林中或灌丛中。产于全省山区、半山区；分布于长江以南地区。模式标本采自宁波。

主要用途 果、嫩叶供食用；枝叶繁茂，叶形奇特，花大而芳香，供公园、庭园垂直绿化；根、藤、叶、果及藤中汁入药；蜜源植物。

附种 **美味猕猴桃** ***A. deliciosa***，嫩枝、叶柄被黄褐色长硬毛，较难脱落；花较大，直径约3.5cm；果实刺毛状长硬毛宿存。全市各地有栽培，品种多。

美味猕猴桃

201 毛花猕猴桃

学名 **Actinidia eriantha** Benth.　　属名 猕猴桃属

形态特征　落叶木质藤本。小枝、叶背、叶柄、花序、萼片均密被灰白色或灰黄色星状茸毛，老枝残存皮屑状毛；髓心白色，片层状。单叶互生；叶片卵形至宽卵形，6～15cm×4～9.5cm，先端短尖至短渐尖，基部截形或圆楔形，稀近心形，上面散生脱落性糙伏毛，或仅沿脉疏生糙毛。花淡红紫色，直径2～3cm；萼片2～3，花丝淡红色。浆果椭球形，长3～4.5cm，密被灰白色长茸毛。花期5—6月，果期10—11月。

生境与分布　见于慈溪、余姚、奉化；生于山坡、山谷疏林或灌丛中。产于温州、金华、衢州、台州、丽水及建德、淳安、新昌等地；分布于江西、福建、湖南、广东、广西、贵州等地。

主要用途　枝叶繁茂，花大而美丽，供公园、庭园垂直绿化观赏；果供食用，味极美，可经济栽培；根、根皮、叶入药，具抗癌、消肿解毒之功效。

202 小叶猕猴桃

学名 **Actinidia lanceolata** Dunn　　属名 猕猴桃属

形态特征　落叶木质藤本。小枝、叶柄密生棕褐色短柔毛，老枝灰黑色，无毛；髓心褐色，稀白色，片层状。单叶互生；叶片披针形、倒披针形至卵状披针形，3.5～12cm×2～4cm，先端短尖至渐尖，基部楔形至圆形，上面无毛或被粉末状毛，下面密被极短灰白色或褐色星状毛。花淡绿色，稀白色或黄白色，直径8mm；萼片3～4。浆果小，卵球形，长5～10mm，有明显斑点，萼片宿存而反折。花期5—6月，果期10月。

生境与分布　见于余姚、镇海、北仑、鄞州、奉化、宁海、象山；生于山坡、沟谷林下或灌丛中。产于除浙北平原外的全省各地；分布于华东及湖南、广东等地。

主要用途　供园林垂直绿化；根入药，具行血、补精之功效；果可食。

203 大籽猕猴桃

学名 **Actinidia macrosperma** C. F. Liang　　**属名** 猕猴桃属

形态特征　落叶木质藤本。嫩枝淡绿色，无毛或疏被锈褐色短腺毛，老枝浅灰色至灰褐色；髓心白色，实心，有时片层状。单叶互生；叶片卵形、宽卵形、椭圆形或菱状椭圆形，3.5～9cm×2.5～6.5cm，先端渐尖或急尖，基部宽楔形或圆形，边缘有斜锯齿或圆锯齿，背面脉腋常有髯毛，中脉和叶柄常有短小软刺；叶柄带淡红色。花常单生；萼片2～3；花瓣5～12，白色，芳香。浆果圆球形，长2～3.5cm，无毛，熟时橘黄色，具辣味，顶端有时具乳头状喙，基部萼片宿存与脱落兼具。种子横径约3mm。花期5月，果期9—10月。

生境与分布　见于慈溪、余姚、江北、北仑、鄞州、奉化、宁海；生于海拔800m以下的山坡、山谷、山麓林中或林缘及溪沟边和路边旷地上。产于杭州、绍兴及江山等地；分布于安徽、江西、湖北、广东等地。

主要用途　枝叶浓绿，秋叶转色，适于边坡、断面覆绿及公园、庭园垂直绿化；根俗称“猫人参”，入药，具清热解毒、消肿之功效。

附种　**对萼猕猴桃** ***A. valvata***，叶片中脉疏生软刺毛，有时叶片上部或全部变淡黄色斑块；萼片(2～)3；花瓣5～9；浆果卵球形或长圆状圆柱形，顶端有尖喙，宿存萼片反折；种子横径约1.5mm。见于余姚、鄞州、奉化、宁海；生于海拔1000m以下的山沟边、岩石旁或灌丛下。

对萼猕猴桃

二十九　山茶科 Theaceae*

204 浙江红山茶 浙江红花油茶

学名 **Camellia chekiang-oleosa** Hu　**属名** 山茶属

形态特征　常绿灌木至小乔木，高 3～7m。小枝灰褐色至灰白色。单叶互生；叶片长圆形、倒卵状椭圆形至倒卵形，8～12cm×2.5～6cm，先端急尖或渐尖，基部楔形或宽楔形，边缘具较疏的细尖锯齿，有时中部以下全缘，下面侧脉不明显。花红色至淡红色，直径 8～12cm，无梗；苞片及萼片共 11～16，均宿存，密被绒状丝质毛；花丝黄色，有时红色，外轮花丝基部连成长约 7mm 的花丝管。蒴果直径 4～7.5cm。花期 10 月至次年 4 月，果期次年 9 月。

生境与分布　产于金华、衢州、丽水等地；分布于华东及湖南。全市各地有栽培。

主要用途　冬春开花，花大型，供观赏；种油可食用和工业用；叶可止痢，花用于外伤出血。

附种　**闪光红山茶 *C. luccidissima***，叶片上面光泽强烈，背面侧脉明显隆起；苞片及萼片共 9～10；外轮花丝无花丝管。余姚、奉化有栽培。

* 本科宁波有 6 属 27 种 3 变种，其中栽培 13 种 1 变种。本图鉴收录 6 属 19 种 2 变种，其中栽培 6 种。

闪光红山茶

205 连蕊茶 毛花连蕊茶 毛柄连蕊茶

学名 **Camellia fraterna** Hance　　属名 山茶属

形态特征　常绿灌木或小乔木。小枝、顶芽、叶片两面沿中脉（或背面全部）、苞片、萼片均密被柔毛。单叶互生；叶片椭圆形至倒卵状椭圆形或椭圆状披针形，4～8.5cm×1.5～3.5cm，先端渐尖或尾状渐尖，基部楔形或圆楔形，边缘具锯齿。花1～2朵顶生兼腋生，白色或多少带红晕，有芳香，直径3～4cm。蒴果近球形至球形，直径1～1.8cm，苞片与萼片均宿存。花期3月，果期10—11月。

生境与分布　见于全市丘陵山地；生于山坡、沟谷溪边的灌丛中或林中。产于全省山区、半山区；分布于华东及河南。

主要用途　花白色或带红晕，繁多而芳香，供山区生态林下层木混交造林及风景区、公园、庭园观赏；蜜源植物；根、叶、花入药，具消肿、活血、清热解毒之功效。

附种　**浙江尖连蕊茶** ***C. cuspidata*** var. ***chekiangensis***，小枝无毛，顶芽几无毛；叶片窄椭圆形、披针状椭圆形或倒卵状椭圆形，两面无毛或初时上面中脉有短细毛。见于余姚、鄞州、奉化、宁海、象山；生于海拔300m以上的溪谷边疏林下。

浙江尖连蕊茶

206 红山茶 山茶 山茶花

学名 **Camellia japonica** Linn.　　属名 山茶属

形态特征 常绿小乔木，常呈灌木状。枝、叶无毛；小枝红褐色。单叶互生；叶片椭圆形至卵状椭圆形，6～12cm×3～7cm，先端急尖至渐尖，基部楔形至宽楔形，边缘具锯齿，上面光亮，背面侧脉清晰，散生淡褐色木栓疣。花红色，单瓣，雄蕊金黄色，栽培品种常重瓣，且花色丰富，直径5～6cm，几无花梗。蒴果球形，直径3～4cm，苞片与萼片均脱落。花期11月至次年4月，果期次年9—10月。

生境与分布 见于北仑、宁海、象山等地；生于海拔600m以下的山坡林中或溪沟边。产于舟山群岛及临海、玉环、瑞安，全市及全省各地有栽培；分布于山东、台湾，长江以南各地常有栽培；日本也有。

主要用途 浙江省重点保护野生植物。栽培历史悠久，园艺品种甚多，系我国传统“十大名花”之一，供山地森林公园、风景区、公园、庭园观赏；蜜源植物；根、花入药；种仁供化工用。

207 油茶

学名 **Camellia oleifera** Abel　属名 山茶属

形态特征 常绿灌木或小乔木。树干灰褐色至黄褐色，光滑。小枝有毛或后变无毛。单叶互生；叶片通常椭圆形，3～10cm×1.5～4.5cm，大小变异显著，先端急尖至渐尖，基部楔形，边缘有小钝齿，两面常沿中脉有毛，或下面无毛，上面中脉隆起；叶柄有毛。花白色，直径6～9cm，单瓣，先端圆而微凹，花柱长8～11mm，子房无毛。蒴果球形、椭球形或扁球形，直径3～4cm，苞片与萼片早落。花期10—12月，果期次年10—11月。

生境与分布 全市丘陵山区乃至长江以南山区、半山区广泛栽培。

主要用途 著名食用油料树种；蜜源植物；根皮、花、种子、种油入药。

208 茶梅 冬红茶梅

学名 **Camellia sasanqua** Thunb.　　属名 山茶属

形态特征　常绿灌木，高1～1.5m。小枝初时被毛，后变稀疏或几无毛。单叶互生；叶片常二列状排列，椭圆形、长圆形或宽椭圆形，2.5～6cm×1.7～3cm，先端短尖，基部楔形或圆形而略下延，边缘有钝齿，上面有光泽，沿中脉被毛，下面沿中脉有毛或最后变无毛。花玫瑰红色或淡玫瑰红色，半重瓣或近重瓣，直径5～6cm。很少结实，蒴果直径2～3cm。花期12月至次年2月，果期次年9—10月。

生境与分布　原产于日本，品种多样。全市各地普遍栽培。

主要用途　植株低矮，枝叶细密，花大艳美，冬季开放，供园林观赏。

209 茶 茶叶树

学名 **Camellia sinensis** (Linn.) O. Kuntze 属名 山茶属

形态特征 常绿灌木。小枝有细柔毛。单叶互生；叶片椭圆形至长椭圆形，有时上半部略宽，4～10cm×1.8～4.5cm，先端短急尖，常钝或微凹，基部楔形，边缘有锯齿，上面略呈皱缩状，下面疏生平伏毛或无毛。花1～3朵腋生或顶生，白色，芳香，直径2.5～3.5cm。蒴果近球形或倒棱台状球形，直径2～2.5cm。花期10—11月，果期次年10—11月。

生境与分布 全市丘陵山地常见栽培。全省山区、半山区均有栽培，有时呈野生状；秦岭、淮河地区以南及山东等地均有栽培或野生。

主要用途 著名饮料树种，叶亦入菜谱；种油、花供食用；白花繁多而芳香，供观赏；适于生物防火林带下层木混交造林；芽、叶、根、果实入药。

210 单体红山茶 美人茶

学名 **Camellia uraku** Kitamura　属名 山茶属

形态特征 常绿灌木至小乔木，高 1.5～6m。小枝淡棕色，无毛。单叶互生；叶片通常长圆状椭圆形而中上部略宽，7～13cm×2.5～5cm，先端突渐尖至长渐尖，基部楔形至略带圆楔形，边缘具尖锐小锯齿，下面具稀疏而细小褐色木栓疣。花桃红色或粉红色，直径 5～7.5cm，半开或漏斗状，无梗；花柱长 1.5～2.4cm。很少结实，蒴果球形，黄褐色，直径 1.5～2cm。花期 12 月至次年 4 月，果期次年 10 月。

生境与分布 原产于日本。全市各地有栽培。

主要用途 供园林观赏。

211 杨桐 红淡比

学名 **Cleyera japonica** Thunb.　　属名 红淡比属

形态特征　常绿小乔木，常呈灌木状，高至9m。枝、叶无毛；顶芽发达。单叶互生，排成2列；叶片椭圆形或倒卵形，5～11cm×2～5cm，先端急短钝尖至钝渐尖，基部楔形，全缘，上面具光泽，中脉两面隆起，下面侧脉不明显，无腺点；叶柄长5～10mm。花1～3朵腋生，白色，直径6mm。浆果球形，黑色，直径7～9mm，果梗长1～2cm。花期6—7月，果期9—10月。

生境与分布　见于除江北外的全市丘陵山地；生于沟谷溪边、山坡林中。产于全省山区、半山区；分布于长江以南地区。

主要用途　浙江省重点保护野生植物。叶色浓绿光亮，适于山区生态林混交造林、厂矿区绿化、园林观赏；蜜源植物；花入药，具凉血、止血、消肿之功效；枝叶加工后销往日本，供祭拜之用。

212 滨柃

学名 **Eurya emarginata** (Thunb.) Makino　属名 柃木属

形态特征 常绿灌木。嫩枝具2棱，被淡黄棕色柔毛。单叶互生；叶片厚革质，倒卵形至长椭圆状倒卵形，1.8～4cm×1～2cm，先端钝圆而微凹，基部楔形，边缘常反卷，有低平锯齿，中脉、侧脉与细脉在上面凹陷。花腋生，花药具分隔。果实圆球形，直径4～5mm。花期11—12月，果期次年5—8月。

生境与分布 见于宁海、象山；生于海边山坡、岩质海岸岩缝中。产于全省沿海地区及岛屿；分布于江苏、福建、台湾；朝鲜半岛南部及日本也有。

主要用途 枝叶细密，四季常绿，可作绿篱等，供园林观赏、盐碱地绿化。

213 微毛柃

学名 **Eurya hebeclados** Ling　　属名 柃木属

形态特征　常绿灌木或小乔木。嫩枝圆柱形，极少数微具棱，与叶柄、花梗均被微柔毛；芽、叶柄常暗紫色。单叶互生；叶片革质，长椭圆状卵形、长椭圆形至长圆状披针形，4～9cm×1.5～3.5cm，先端急尖至渐尖而钝头，基部楔形，边缘有细齿，干后下面黄绿色至多少金黄色，侧脉上面不显著，下面隆起。花2～5朵腋生；花柱长约1mm。果圆球形，直径4～5mm。花期9—10月，果期次年5—8月。

生境与分布　见于余姚、镇海、北仑、鄞州、奉化、宁海、象山；生于海拔1000m以下的山坡、谷地、溪边、路旁林中。产于全省山区、半山区；分布于长江以南地区。

主要用途　枝、叶入药，具截疟、消肿、止血、解毒之功效；蜜源植物。

附种　细枝柃 ***E. loquaiana***，小枝纤细；叶片薄革质，通常椭圆形、窄椭圆形，先端渐尖至尾状渐尖，常具钝头，干后下面常呈红褐色，侧脉两面隆起；花1～4朵腋生；花柱长2～3mm；果实直径3～4mm。见于余姚、北仑、鄞州、奉化；生于海拔800m以下的山坡、谷地、溪边、路旁林中。

细枝柃

214 柃木

学名 **Eurya japonica** Thunb. **属名** 柃木属

形态特征 常绿灌木，有时小乔木状。枝叶无毛；嫩枝具2棱；顶芽长4～8mm。单叶互生；叶片通常倒卵形或倒卵状长椭圆形，中部以上最宽，3～7cm×1.5～3cm，先端急尖而钝头，微凹，基部楔形，边缘具粗钝锯齿，背面网脉清晰，干后下面淡绿色、黄绿色或暗黄色。花1～3朵腋生；花柱长约1.5mm。果实圆球形，直径3～4mm，熟时蓝紫色转紫黑色。花期晚秋至次年春季，果期次年5—8(—9)月。

生境与分布 见于慈溪、镇海、北仑、鄞州、奉化、宁海、象山；生于山坡林下、路边、溪边灌丛中。产于温州、舟山、台州等沿海地区；分布于江苏、安徽、台湾；日本也有。

主要用途 浙江省重点保护野生植物。枝叶繁茂，叶色浓绿光亮，嫩叶带红色，供园林观赏，也可作绿篱；蜜源植物；枝叶加工后销往日本，供祭拜之用；枝、叶入药，具祛风除湿、消肿止血之功效。

附种 **窄基红褐柃** ***E. rubiginosa*** var. ***attenuata***，嫩枝具强劲2棱；顶芽长达1～1.8cm；叶片通常长椭圆状卵形或长椭圆状披针形，中部以下最宽，边缘具细锯齿，干后下面常呈红褐色；花柱长1mm；果实直径4～5mm。见于全市丘陵山地；生于海拔1000m以下的山坡、谷地之林下或路边灌丛中。

窄基红褐柃

215 隔药柃 格药柃

学名 **Eurya muricata** Dunn 属名 柃木属

形态特征 常绿灌木。全体无毛；嫩枝圆柱形，有时具2棱；顶芽长0.5～1cm。单叶互生；叶片革质，椭圆形或长圆状椭圆形，有时倒卵状椭圆形，5.5～10cm×2～4cm，先端渐尖而钝头，基部楔形，边缘具浅细锯齿。花腋生；花药有分隔，花柱长1.5mm。果实圆球形，直径4～5mm。花期10—11月，果期次年5—7月。

生境与分布 见于全市丘陵山区；生于海拔800m以下的山坡、谷地之林下或路边灌丛中。产于浙江西部、南部和东部丘陵山区；分布于长江以南地区。

主要用途 叶色浓绿光亮，供公园、庭园观赏；蜜源植物；树皮供化工用；茎、叶入药，功效同柃木。

附种 细齿柃（细齿叶柃）***E. nitida***，嫩枝纤细，具棱；叶片薄革质；花药不分隔，花柱长2.5～3mm；果实直径3～4mm。见于鄞州；生于山谷溪边、路旁林中。

细齿柃

216 木荷

学名 **Schima superba** Gardn. et Champ. 属名 木荷属

形态特征 常绿乔木，高达20m。树皮纵裂成不规则的长块；小枝暗褐色，皮孔显著；枝、叶无毛。单叶互生；叶片卵状椭圆形至长椭圆形，8～14cm×3～5cm，先端急尖至渐尖，基部楔形或宽楔形，边缘具浅钝锯齿；对光可见微小透亮点，揉碎具特殊气味。花白色，直径约3cm，芳香。蒴果扁球形，直径约1.5cm。种子扁平而有翅。花期6—7月，果期次年10—11月。

生境与分布 见于全市丘陵山地；生于山坡、沟谷林中。产于全省山区、半山区；分布于华东、华中、华南。

主要用途 树干通直，冠大荫浓，花白而繁，春叶带红色，适于山区生态林营造，生物防火林带和厂矿区绿化，风景区、公园、庭园观赏；材用；树皮、叶供化工用；根皮、叶入药，树皮可作土农药。

217 天目紫茎

学名 **Stewartia gemmata** Chien et Cheng　　属名 紫茎属

形态特征 落叶乔木。树皮灰黄色、黄褐色或棕褐色，不规则薄片状翘裂，剥落后光滑而斑驳；一年生小枝无毛或有展毛。单叶互生；叶片卵形或椭圆形，6～10cm×2.5～5cm，先端渐尖，基部渐狭，边缘有疏锯齿或浅圆锯齿，仅下面散生伏贴长柔毛，沿侧脉尤密。花单生，直径4～4.5cm，苞片宽1～1.3cm，萼片与苞片同形，花丝长1.5～2cm。蒴果狭卵状圆锥形，直径1～1.2cm，具5棱，顶端具喙，全面被毛。每室种子2粒。花期5—6月，果期9—10月。

生境与分布 见于余姚、鄞州、奉化、宁海；生于海拔400～700m的山坡或沟谷溪边林中。产于杭州、台州及安吉、诸暨、衢州市区等地；分布于安徽、江西。

主要用途 树皮美丽，供园林观赏。

本种与尖萼紫茎 *S. acutisepala* P. L. Chiu et G. R. Zhong 较难区分，《宁波植物研究》《宁波珍稀植物》均将其鉴定为尖萼紫茎，但《浙江植物志》（新编）将宁波分部的该种重新修订为天目紫茎，本图鉴从其修订。

218 厚皮香

学名 **Ternstroemia gymnanthera** (Wight et Arn.) Bedd. 属名 厚皮香属

形态特征 常绿小乔木。全体无毛；小枝较粗壮，轮生状。单叶互生；叶片革质，椭圆形至椭圆状倒卵形，4.5～10cm×2～4cm，先端急钝尖或钝渐尖，基部楔形而下延，全缘或在上部具不明显疏钝锯齿，上面光亮，中脉常略凹陷，侧脉两面不明显，干后变红褐色；叶柄长7～15mm，连同中脉常红色。花淡黄白色，有香味。果近球形，直径12～15mm，花柱宿存，果梗粗壮，长0.4～1.5cm。种子肾形，熟时被红色肉质假种皮。花期6—7月，果期9—10月。

生境与分布 见于余姚、北仑、鄞州、奉化、宁海、象山；生于海拔900m以下的山坡、沟谷林中或林缘。产于温州、绍兴、金华、衢州、台州、丽水及建德等地；分布于长江以南地区。

主要用途 枝叶茂密，供山区混交造林、园林观赏；叶、花、果入药。

附种 **日本厚皮香 *T. japonica***，叶片先端钝圆或稍急短钝尖；果卵状球形或卵状椭球形，直径10～12mm，果梗长1～2.2cm。见于象山；生于海岛、海边山坡、沟谷林中或岩缝中；全市各地有栽培。本种为本次调查发现的中国大陆分布新记录植物。

日本厚皮香

三十　藤黄科 Guttiferae*

219 黄海棠

学名 **Hypericum ascyron** Linn.　　属名 金丝桃属

形态特征　多年生草本，高0.8～1.3m。全体无毛；茎淡棕色，具4棱。单叶对生；叶片宽披针形、长圆状披针形或长圆状卵形，5～10cm×1～3cm，先端渐尖或圆钝，基部抱茎，全缘，全面密布透明腺点。聚伞花序顶生；花金黄色，直径约3cm；各花瓣稍倾斜而旋转。蒴果圆锥形或卵球形，长约1.5cm。花期6—7月，果期8—9月。

生境与分布　见于北仑、奉化、宁海、象山；生于山坡林下、林缘、灌草丛或溪旁、河岸湿地及路边向阳处。产于杭州、丽水及安吉、普陀、天台、临海等地；除青海、新疆外，全国各地均有分布；东北亚、北美洲及越南也有。

主要用途　全草入药，具凉血止血、清热解毒之功效；种子泡酒服，治胃病、解毒、排脓；民间以叶代茶用；花艳美，可栽培观赏。

* 本科宁波有1属8种1品种，其中栽培2种1品种。本图鉴收录1属8种，其中栽培2种。

220 赶山鞭

学名 **Hypericum attenuatum** Fisch. ex Choisy　属名 金丝桃属

形态特征　多年生草本，高达60cm。全体无毛；茎、叶、萼片上部及边缘、花瓣上部散生黑色腺点。茎常有2条纵线棱。单叶对生；叶片卵形、长圆状卵形或卵状披针形，1～2.5cm×0.3～1cm，先端钝圆，基部渐狭，略抱茎，全缘，两面密布微小透明腺点。圆锥状花序或聚伞花序；花淡黄色，直径约1cm。蒴果卵球形或卵状长椭球形，长约1cm，具条状腺斑。花期7—8月，果期9—10月。

生境与分布　见于奉化；生于山坡草丛或林缘。产于临安、婺城、岱山等地；分布于长江中下游、黄河中下游地区及东北等地；东北亚也有。

主要用途　民间全草代茶用；全草入药，具止血、镇痛、通乳之功效。

221 小连翘

学名 **Hypericum erectum** Thunb.　　属名 金丝桃属

形态特征 多年生草本，高达90cm。全体无毛。单叶对生；叶片长椭圆形、长卵形或宽披针形，1.5～4cm×0.5～2.2cm，先端钝，基部心形，抱茎，全缘，下面散生黑色腺点；无叶柄。聚伞花序多花，常呈圆锥花序状；花黄色，直径1.5～2cm；萼片和花瓣均具条纹状黑色腺点。蒴果圆锥形，长约7mm。花期7—8月，果期8—9月。

生境与分布 见于全市各地；生于山野草丛中。产于全省山区、半山区；分布于华东及湖南、湖北、四川、贵州；东北亚也有。

主要用途 全草入药，具收敛止血、散淤镇痛之功效。

附种 **密腺小连翘** ***H. seniawinii***，叶片长圆状披针形至狭长圆形，基部略抱茎，全面密布透明腺点，下面边缘有黑色腺点；花直径约1cm；萼片与花瓣上部边缘疏生黑色腺点；蒴果卵球形，长4～5mm。见于全市丘陵山地；生于山坡草丛、林缘、疏林下。

密腺小连翘

222 地耳草

学名 **Hypericum japonicum** Thunb.　　属名 金丝桃属

形态特征　一年生或多年生草本，高 6～40cm。全体无毛；茎纤细，具 4 条纵棱。单叶对生；叶片小，卵圆形至卵形，3～15mm×1.5～8mm，先端钝，基部心形至截形，抱茎，全缘。聚伞花序顶生；花小，黄色，直径约 6mm。蒴果椭球形，长约 4mm。花期 5—7 月，果期 7—9 月。

生境与分布　见于全市各地；生于田边、沟边、路旁、林缘、荒草地上。产于全省各地；分布于辽宁、山东至长江以南地区；东南亚、南亚、大洋洲、朝鲜半岛及日本、美国（夏威夷）也有。

主要用途　全草入药，具清热解毒、止血消肿之功效。

223 金丝桃

学名 **Hypericum monogynum** Linn.　　属名 金丝桃属

形态特征 半常绿灌木，高达1m。全体无毛；茎圆柱形，红褐色。单叶对生；叶片长椭圆形至长圆形，3～8cm×1～3cm，先端钝尖，基部渐狭而稍抱茎，叶背粉绿色，密布透明腺点。花单生或组成顶生聚伞花序；花大，金黄色，直径3～5cm；雄蕊与花瓣等长或略长。蒴果卵球形，长约8mm。花期5—7月，果期8—9月。

生境与分布 分布于我国长江以南及河北、山西、山东等地。全市各地有栽培。

主要用途 花美丽，供观赏；果实、根入药。

224 金丝梅

学名 **Hypericum patulum** Thunb. 属名 金丝桃属

形态特征 半常绿小灌木，高0.5～1m。全体无毛；小枝具2条纵棱，红褐色或暗褐色。单叶对生；叶片卵形、卵状披针形或卵状长圆形，2.5～5cm×1～2.5cm，先端钝圆或急尖，基部近圆形或渐狭，下面粉绿色，散布透明腺点及短腺条。花单生或为聚伞花序；花金黄色，直径2.5～4cm；雄蕊长约为花瓣之半。蒴果卵形。花期5—6(～7)月，果期8—10月。

生境与分布 产于杭州、温州、台州、丽水等地；分布于长江以南，南达南岭。慈溪及市区有栽培。

主要用途 花大而美丽，供观赏；根、全草入药，具舒筋活血、催乳、利尿之功效。

225 元宝草

学名 **Hypericum sampsonii** Hance　　属名 金丝桃属

形态特征 多年生草本，高达70cm。全体无毛；叶片、萼片散布黑色斑点和透明腺点。单叶对生；叶片长椭圆状披针形、长圆形或倒披针形，3～6.5cm×1.5～2.5cm，先端钝圆，对生叶基部完全合生为一体，呈元宝状，全缘。聚伞花序多花；花黄色，直径7～10mm。蒴果卵球形至卵状圆锥形，长约8mm，散布囊状腺体。花期6—7月，果期7—9月。

生境与分布 见于全市各地；生于山坡灌草丛、路旁、田边、溪沟边等湿润处。产于全省各地；分布于秦岭以南地区；日本、越南、缅甸、印度也有。

主要用途 全草入药，具止血止痛、清热解毒之功效。

三十一 沟繁缕科 Elatinaceae*

226 三蕊沟繁缕

学名 **Elatine triandra** Schkuhr 属名 沟繁缕属

形态特征 一年生水生或湿生草本。茎纤细，匍匐状，多分枝，节上生根。单叶对生；叶片膜质，卵状长圆形、披针形至条状披针形，3～10mm×1.5～3mm，先端钝，基部楔形，全缘，侧脉细；近无柄。花单生于叶腋，无梗或近无梗；花瓣3，白色或淡红色。蒴果扁球形，直径1～1.5mm。花果期6—10月。

生境与分布 见于北仑、鄞州、宁海；生于浅沟、沼泽等处。产于普陀等地；分布于吉林、黑龙江、福建、台湾、广东等地。东南亚、南亚、欧洲、北美洲、大洋洲及日本也有。

---

* 本科宁波有1属1种。本图鉴予以收录。

三十二　柽柳科 Tamaricaceae*

227 柽柳

学名 **Tamarix chinensis** Lour.　属名 柽柳属

形态特征　落叶灌木或小乔木状，高达4m。老枝紫红色或暗红色，嫩枝深绿色，小枝纤细，开展而下垂。单叶互生；叶片蓝绿色，钻形或卵状披针形，长1～3mm，抱茎。总状花序组成疏散圆锥花序，柔弱而下垂；花瓣粉红色。蒴果圆锥形，长约3.5mm。花期4—6月和8—9月各一次，果期10月。

生境与分布　见于全市沿海平原地区；生于海滨、滩头、潮湿盐碱地、河岸等处，为盐碱土指示植物。产于全省近海各地；分布于黄河中下游以南及辽宁等地。

主要用途　供滨海与河岸绿化；嫩枝、嫩叶入药，具解表、透疹之功效。

* 本科宁波有1属1种。本图鉴予以收录。

三十三　堇菜科 Violaceae*

228 堇菜 如意草

学名 ***Viola arcuata*** Bl.　　**属名** 堇菜属

形态特征　多年生草本，高15～30cm。全体无毛。地上茎柔弱。单叶近基生，或互生于匍匐枝上；叶片三角状心形或卵状心形，1.5～3cm×2～5.5cm，先端急尖，基部心形至深心形，边缘疏生锯齿；托叶离生，披针形，通常全缘或具疏齿。花淡紫色或白色，下瓣连距长约1cm，先端凹入；距长约2mm。蒴果长球形，长6～8mm。花期4—5月，果期6—8月。

生境与分布　见于全市各地；生于田边、溪边、路边潮湿地。产于全省各地；分布于华东、华中、华南、西南、华北、东北；广布于除西亚外的亚洲各地。

主要用途　全草入药，具清热解毒之功效；嫩叶可食。

* 本科宁波有1属17种2变种，其中栽培2种。本图鉴收录1属17种1变种，其中栽培2种。

229 南山堇菜

学名 **Viola chaerophylloides** (Regel) W. Beck. 属名 堇菜属

形态特征 多年生草本，高10～20(～35)cm。无地上茎。叶近基生；基生叶2～6片，叶片3～5鸟足状全裂，裂片具明显短柄，末回裂片条状披针形，稀不分裂而呈卵状披针形，边缘具不整齐缺刻和钝锯齿；托叶大部分与叶柄合生，宽披针形，边缘具睫毛状细齿或近全缘。花较大，直径约2cm，有香味，淡紫色，下瓣有紫色条纹，连距长18～23mm；距长而粗，长4～6mm。蒴果长椭球状，长1～1.6cm。花果期4—11月。

生境与分布 见于余姚、北仑、鄞州、奉化、宁海、象山；生于山坡林下、林缘或沟谷阴湿处。产于全省山区、半山区；分布于华东、华中、华北、东北；东北亚也有。

主要用途 用途同堇菜。

附种 **细裂堇菜** var. ***sieboldiana***，末回裂片显著细裂成条形。仅见于余姚四明山；生于林下阴湿处。

细裂堇菜

230 七星莲 蔓茎堇菜

学名 **Viola diffusa** Ging. 属名 堇菜属

形态特征 多年生草本，高 5～15cm。全体被白色柔毛。无地上茎，具多数匍匐枝，匍匐枝较粗壮，顶端生出莲座状新植株，茎生叶与基生叶大小相似。单叶近基生，或互生于匍匐枝上，基生叶多数，呈莲座状；叶片卵形或卵状椭圆形，1.5～5cm×1～3.5cm，先端钝或急尖，基部楔形或宽楔形，明显下延于叶柄；叶柄长 1～5cm，具明显翅；托叶基部与叶柄合生。花白色或具紫色脉纹，下瓣连距长 8～12mm；距极短，长约 1.5mm。蒴果长球形，长 5～7mm，无毛。花期 3—5 月，果期 5—8 月。

生境与分布 见于全市各地；生于路边、沟旁或山坡林下、林缘。产于全省各地；分布于长江以南地区。

主要用途 全草入药，具清热解毒、消肿排脓、清肺止咳之功效；嫩叶可食。

附种 1 **柔毛堇菜 *V. fargesii***，匍匐枝纤细，其上散生远较基生叶小的叶片；叶片卵形或宽卵形，2.5～8cm×1.5～5.5cm，基部心形，不下延于叶柄；花白色或稍带淡紫色，下瓣连距长约 7mm。见于余姚、奉化、宁海；生于山地林下、林缘、草地、溪谷、沟边、路旁等处。

附种 2 **心叶蔓茎堇菜 *V. tenuis***，叶片基部心形，不下延于叶柄。见于余姚、北仑、鄞州、奉化、象山；生于疏林下或溪沟边。

柔毛堇菜

心叶蔓茎堇菜

231 紫花堇菜

学名 **Viola grypoceras** A. Gray 属名 堇菜属

形态特征 多年生草本，高 10～35cm。全体无毛。地上茎直立或稍折曲。单叶互生；基生叶心形或卵状心形，小，具长柄；茎生叶三角状心形至披针状心形，长 3～6cm，先端渐尖，基部心形，两面密被紫褐色腺点，具短柄；托叶离生，披针形，边缘具流苏状长齿。花腋生，花梗常长于叶柄，苞片位于花梗中上部；花淡紫色或紫白色，侧瓣内侧无须毛，下瓣连距长 1.5～2cm；距长 5～6mm，稍上弯。蒴果椭球形，长约 1cm，密生褐色腺点。花期 3—4 月，果期 5—6 月。

生境与分布 见于除江北外的全市各地；生于山坡林下、林缘或路边草丛中。产于全省各地；分布几遍全国；朝鲜半岛及日本也有。

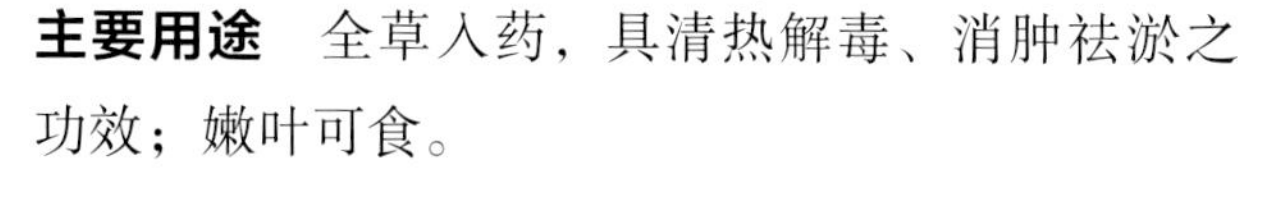

主要用途 全草入药，具清热解毒、消肿祛淤之功效；嫩叶可食。

232 日本堇菜 日本球果堇菜

学名 **Viola hondoensis** W. Beck.et H. Boiss. 属名 堇菜属

形态特征 多年生草本，高10～20cm。根状茎粗壮，长达6cm。无地上茎，匍匐枝密被倒向白色短柔毛。单叶近基生兼2～3片簇生于茎端；叶片圆心形，直径2～5cm，边缘具波状浅齿，两面密被短柔毛；托叶离生，披针形，边缘具少数条形齿。花淡紫色，侧瓣内侧具少量须毛，下瓣连距长1～2cm；距粗短，长3～4mm。蒴果近球形，直径5～6mm，密被白色短柔毛。花期3—4月，果期6—8月。

生境与分布 见于余姚、鄞州、奉化；生于海拔500～1000m的山坡林下、林缘或溪边、路边阴湿处。产于临安、淳安、安吉、天台、遂昌等地；分布于江西、湖北、湖南、重庆、陕西；日本也有。

主要用途 嫩叶可食。

233 犁头草

学名 **Viola japonica** Langsd. ex DC.　　属名 堇菜属

形态特征　多年生草本，高 10～20cm。无地上茎。单叶近基生；叶片卵状心形、圆心形或三角状卵形，长 4～10cm，先端钝，基部心形，边缘具浅钝锯齿；托叶大部分与叶柄合生。花淡紫色，下瓣连距长 1.5～2cm；距细筒状，长 5～8mm，微上翘，疏被柔毛。蒴果长圆形，长 6～10mm。花期 11 月至次年 4 月，果期次年 5—10 月。

生境与分布　见于全市各地；生于田边、路边草地或山坡林下、林缘。产于全省各地；分布于华东、华中、华南；朝鲜半岛及日本也有。

主要用途　全草入药，具清热解毒、消肿止痛之功效。

附种　**紫背堇菜** ***V. violacea***，叶片三角状卵形，稀圆心形，长 2～6cm，先端急尖，上面叶脉上常有白色斑纹，下面通常紫色；花下瓣连距长 8～12mm；距囊状，长 3～5mm；花期 3—4 月。见于余姚、鄞州、奉化、宁海、象山；生于路边、沟边、山坡林下、林缘。

紫背堇菜

234 白花堇菜 乳白花堇菜

学名 **Viola lactiflora** Nakai　**属名** 堇菜属

形态特征　多年生草本，高 10～18cm。无地上茎。单叶近基生；叶片长圆状三角形，3～5(～7) cm×2～3cm，先端钝，基部浅心形或截形，边缘具钝圆齿；托叶中部以上与叶柄合生；叶柄长 2～5cm，带暗紫色。花梗等长或稍长于叶片，带暗紫色；萼片附器长约 1.5mm，短于萼片，果期不增大；花乳白色，长 1.5～1.9cm，侧瓣内侧有须毛，下瓣连距长 1～1.2cm；距粗筒状，长 3～5mm。蒴果椭球形，长 6～9mm。花期 3—4 月，果期 4—6 月。

生境与分布　见于北仑、奉化、象山；生于路边草地。产于杭州市区、临安等地；分布于华东及湖北、四川、云南、辽宁；朝鲜半岛及日本也有。

主要用途　全草入药，用于五劳七伤、全身疼痛；供观赏；嫩叶可食。

235 紫花地丁

学名 **Viola philippica** Cav. **属名** 堇菜属

形态特征 多年生草本，高5～15cm。无地上茎。单叶近基生；叶形变化大，舌形、长圆形、长圆状卵形或三角状披针形，2～7cm×1～2cm，果期可增大，先端钝，基部截形或心形，稍下延于叶柄成翅，边缘有浅锯齿；托叶大部分与叶柄合生。萼片附器短于萼片，长约1mm，果期不增大；花蓝紫色或紫堇色，侧瓣内侧有或无须毛，下瓣连距长1.4～1.8cm；距细管状，长4～7mm，斜向上翘起，与花同色。蒴果长球形，长7～9mm。花果期3—10月。

生境与分布 见于全市各地；生于田间、荒地或山坡草丛、林缘、灌丛中。产于全省各地；分布几遍全国；东亚、东南亚及印度也有。

主要用途 全草入药，具清热解毒、凉血消肿之功效；嫩叶可食；供观赏。

附种1 **戟叶堇菜** ***V. betonicifolia***，叶片狭披针形、长三角状戟形或三角状卵形，基部箭状心形、浅心形或近戟形；萼片附器长1～1.5mm；花下瓣连距长1～1.5cm，侧瓣内侧有须毛；距粗筒状，长2～4mm。见于全市各地；生于田野、路边、山坡草地、灌丛、林缘。

附种2 **长萼堇菜** ***V. inconspicua***，叶片三角状卵形，基部宽心形，稍下延于叶柄，两侧垂耳扩展呈头盔状或犁头状；萼片附器3长2短，果期增大至长附器可与萼片等长；花淡紫色，稀白色，侧瓣内侧无须毛，下瓣连距长1.2cm；距粗筒状，长2.5～3mm。见于全市各地；生于路旁、沟边、疏林下。

戟叶堇菜

长萼堇菜

236 辽宁堇菜

学名 **Viola rossii** Hemsl. 属名 堇菜属

形态特征 多年生草本，高10～25cm。无地上茎。单叶近基生；叶片幼时两侧内卷，花后展开，宽卵状心形，4.5～12cm×3～9cm，先端渐尖，基部深心形，边缘具钝锯齿；托叶离生，卵形，长5～8mm，膜质，近全缘。花梗短于叶；花较大，白色或淡紫色，具紫红色条纹，下瓣连距长2～2.3cm；距囊状，长3～4mm，粗约4mm。蒴果椭球形，长1.4～1.8cm。花期4月，果期6—7月。

生境与分布 见于余姚、鄞州、奉化、宁海、象山，生于高海拔山地腐殖质较厚的林下或山坡草地。产于临安、淳安、安吉、嵊州、新昌、磐安、天台等地；分布于华东、华北、东北及湖南、四川、陕西；朝鲜半岛及日本也有。

主要用途 全草入药，具清热解毒、止血之功效；嫩叶可食。

237 庐山堇菜

学名 **Viola stewardiana** W. Beck.　**属名** 堇菜属

形态特征　多年生草本，高10～30cm。全体无毛。地上茎直立，通常密集成丛。单叶互生；基生叶三角状卵形，较小，花期枯萎；茎生叶卵状菱形至披针状菱形，1.5～5cm×1～2cm，基部楔形下延于叶柄；托叶离生，披针形，边缘具栉齿状深裂。花淡紫色，下瓣连距长约1cm，先端微缺；距长4～5mm，顶端向下弯曲。蒴果椭球形，长约6mm，具紫褐色腺点。花期4—5月，果期6—9月。

生境与分布　见于余姚、北仑、鄞州、奉化、宁海、象山；生于山谷溪边或石缝中。产于温州、绍兴、衢州、台州、丽水；分布于华东、华中、华南及四川等地。

主要用途　全草入药，功效同紫花地丁；嫩叶可食。

238 三色堇

学名 **Viola tricolor** Linn. 属名 堇菜属

形态特征 一年生草本，高10～40cm。全体无毛。地上茎粗壮，直立，有棱。单叶近基生；基生叶卵形；茎生叶卵状长圆形或长圆状披针形，长3～8cm，先端圆钝，基部下延成短柄，边缘疏生圆钝锯齿；托叶大型，羽状深裂，长1～4cm。花大型，直径3.5～7cm；花色多样，通常侧瓣与下瓣具三色。蒴果椭球形，长8～12mm。花期4—7月，果期5—8月。

生境与分布 原产于欧洲。全市各地广泛栽培。
为常见花镜、花坛植物，品种繁多；全草入药，具
主要用途 清热解毒、散淤、止咳、利尿之功效。

附种 角堇 ***V. cornuta***，花较小，直径2～4cm，侧瓣与下瓣基部具数条黑色线条。原产于欧洲。慈溪、余姚、北仑、鄞州及市区等地有栽培。

三十四　大风子科 Flacourtiaceae*

239 山桐子

学名 **Idesia polycarpa** Maxim.　属名 山桐子属

形态特征　落叶乔木，高达15m。树皮灰白色，不裂。单叶互生；叶片宽卵形、卵状心形，6～12cm×5～12cm，先端锐尖至短渐尖，基部心形，下面被白粉，掌状脉5～7，脉腋密生柔毛；叶柄长6～15cm，中部至顶部有数枚腺体。圆锥花序下垂；花黄绿色。浆果球形，成熟时红色，直径7～10mm。花期5—6月，果期9—10月。

生境与分布　见于余姚、镇海、北仑、鄞州、奉化、宁海；散生于海拔500m以上的向阳山坡或沟谷疏林中、林缘、岩隙。产于全省山区；分布于秦岭以南各地。

主要用途　树干通直，树形优美，秋果红艳，供园林观赏；油料树种；叶、种子油入药。

附种　**毛叶山桐子** var. ***vestita***，叶背密生短柔毛或密毡毛。见于余姚、奉化、宁海；生境同原种。

毛叶山桐子

* 本科宁波有3属3种1变种。本图鉴全部收录。

240 山拐枣

学名 **Poliothyrsis sinensis** Oliv. 属名 山拐枣属

形态特征 落叶乔木，高达15m。树皮灰褐色；嫩枝有毛。单叶互生；叶片卵圆形至卵状长圆形，6～16(～24)cm×5～10(～15)cm，先端渐尖或急尖，基部圆形或心形，有2～4个圆形紫色腺体，边缘具浅钝齿，掌状脉3～5，中间3脉较粗壮；叶柄长2～6cm。圆锥花序顶生，直立疏松；花黄绿色。蒴果长球形，长1.5～2cm，3瓣裂。种子具翅。花期7月，果期9—10月。

生境与分布 见于余姚、北仑、鄞州、奉化、宁海；生于海拔400～800m的山坡林中或沟谷旁。产于杭州、衢州、台州、丽水及婺城、磐安等地；分布于秦岭以南地区。

主要用途 花多而芳香，供观赏。

241 柞木

学名 **Xylosma congesta** (Lour.) Merr.　**属名** 柞木属

形态特征　常绿乔木，高达16m。老树干具棘刺，萌芽枝具刺；分枝紧密。单叶互生；叶片卵形、长圆状卵形至菱状披针形，3.5～9cm×1.5～4.5cm，上面深绿色，光亮，先端渐尖或微钝，基部圆形或楔形，边缘具细锯齿，两面无毛。总状花序腋生，长1～2cm；花黄绿色，芳香。浆果球形，直径3～5mm，成熟时黑色。花期9月，果期10—11月。

生境与分布　见于全市各地；散生于低山丘陵的山坡、沟谷疏林内、林缘、路边旷地、村宅旁。产于全省各地；分布于秦岭以南地区；朝鲜半岛及日本也有。

主要用途　树冠分枝紧凑，叶色浓绿光亮，适作刺篱、盆景等；枝、叶入药；材用。

三十五　旌节花科 Stachyuraceae*

242 中国旌节花

学名 **Stachyurus chinensis** Franch.　　属名 旌节花属

形态特征　落叶灌木，高达4m。树皮紫褐色，平滑。单叶互生；叶片卵形、椭圆形或卵状长圆形，6～12cm×3.5～6cm，先端骤尖或尾尖，基部钝至近圆形，稀浅心形，边缘具锯齿，上面沿脉疏生脱落性白色茸毛，下面无毛或脉腋具少量簇毛。总状花序下垂；花瓣绿黄色，花梗极短。果球形，直径6～8mm。花期4月，果期8—9月。

生境与分布　见于奉化、宁海；生于沟谷林缘或灌丛中。产于全省山区、半山区；分布于秦岭以南各地；越南也有。

主要用途　茎髓入药，具利尿、催乳、清湿热之功效；早春开花，花序下垂如帘，花色鲜黄，供观赏。

* 本科宁波有1属1种。本图鉴予以收录。

三十六　西番莲科 Passifloraceae*

243 西番莲

学名 **Passiflora caerulea** Linn.　属名 西番莲属

形态特征　草质藤本。茎、叶无毛；茎略被白粉。单叶互生；叶片掌状5深裂，5～9cm×6～10cm，中间裂片卵状长圆形，两侧裂片略小，基部心形，全缘；叶柄中部有2～6个细小腺体；托叶大，肾形，抱茎。花1朵，与卷须对生，直径6～8(～10)cm；萼片、花瓣、内外副花冠、花药、柱头各部色彩丰富，以蓝、紫、白为主色调；花药大型，柱头三分叉且粗壮。浆果卵球形至近球形，长约6cm，橙黄色或黄色。花期5—7月，果期秋季。

生境与分布　原产于南美洲。全市各地有栽培。

主要用途　花大而奇特，供观赏；全草入药，具祛风除湿、活血止痛之功效。

附种　百香果（鸡蛋果）***P. edulis***，叶片3裂，边缘具细锯齿；叶柄近顶端具1～2个腺体；花较小，直径约4cm。原产于南美洲。慈溪、余姚、江北、宁海有栽培。

---

* 本科宁波有1属2种，其中栽培2种。本图鉴全部收录。

百香果

三十七　番木瓜科 Caricaceae*

番木瓜

学名 **Carica papaya** Linn.　　**属名** 番木瓜属

形态特征　常绿软木质小乔木，高达5m。具乳汁。单叶互生；叶大，近盾形，直径可达60cm，通常5～9深裂，每裂片再羽状分裂；叶柄长50～80cm。花单性，稀两性，植株有雄株、雌株和两性株；雄花排列成圆锥花序，花冠乳黄色，雄蕊10，5长5短；雌花单生或排列成伞房花序，萼片5，花冠裂片5，乳黄色或黄白色，柱头流苏状分裂；两性花雄蕊5或10。浆果肉质，成熟时橙黄色或黄色，椭球形、倒卵状椭球形、梨形或近球形，通常长10～30cm，果肉柔软多汁，味香甜。花果期夏秋季。

生境与分布　原产于热带美洲。慈溪、江北、鄞州等地温室有栽培，露地常见逸生小植株。

主要用途　成熟果实可作水果，未成熟果实可作蔬菜煮食或腌食，并可加工成蜜饯、果汁、果酱、果脯、罐头等；果、叶入药；供观赏。

* 本科宁波有1属1种，其中栽培1种。本图鉴予以收录。

三十八　秋海棠科 Begoniaceae*

245 四季海棠

学名 **Begonia cucullata** Willd.　　属名 秋海棠属

形态特征　多年生肉质草本，高15～30cm。根呈纤维状。茎无毛或上部被疏毛。单叶互生；叶片卵形或宽卵形，5～8cm×3.5～6cm，基部稍心形，略偏斜，边缘有小齿和睫毛，两面主脉多数带红色。聚伞花序；花红色、淡红色或带白色，花被片大小不等。蒴果长1～1.5cm，具不等大3翅。花期3—12月。

生境与分布　原产于巴西。全市广泛栽培。

主要用途　常年开花，供观赏。

* 本科宁波有1属2种，其中栽培1种。本图鉴全部收录。

246 秋海棠

学名 **Begonia grandis** Dryand.　　属名 秋海棠属

形态特征　多年生草本，高 0.4～1m。块茎近球形，直径 8～20mm。茎直立，有纵棱。单叶互生；叶片宽卵形，8～25cm×6～20cm，基部偏心形，两侧大小悬殊，边缘具不等大的细尖齿，背面叶脉及叶柄均带紫红色；叶腋常生珠芽。聚伞花序；花淡红色，花被片 4～5，大小不等。蒴果长 1.5～2cm，具不等大 3 翅。花果期 7—9 月。

生境与分布　见于北仑、鄞州、奉化；生于沟谷、溪边石上、潮湿灌丛中。产于杭州、温州、台州、丽水及开化等地；分布于黄河中下游以南地区；东南亚及日本、印度也有。

主要用途　浙江省重点保护野生植物。供栽培观赏；块茎入药，具活血散淤、止血止痛、清热解毒之功效；嫩叶可食。

三十九　仙人掌科 Cactaceae*

247 鼠尾掌

学名 **Disocactus flagelliformis** (Linn.) Barthlott　属名 鼠尾掌属

形态特征　肉质植物。茎匍匐或下垂，长圆柱状，直径 1～2cm，具棱 8～13；老茎棱上具紧密乳突，乳突顶端具刺窝，每窝具针状刺 15～20，淡褐色。花单生，红色或紫红色，花被筒长 4～5cm，花直径 2.5～4cm；萼状花被片稍反折；瓣状花被片展开。浆果未见。花期 5—6 月。

生境与分布　原产于中美洲。奉化、宁海、象山及市区等地有栽培。

主要用途　花美丽，供观赏。

* 本科宁波有 7 属 9 种，其中栽培 7 种，归化 2 种。本图鉴收录 7 属 8 种，其中栽培 6 种，归化 2 种。

248 仙人球

学名 **Echinopsis tubiflora** (Pfeiff.) Zucc. ex A. Dietr.　**属名** 仙人球属

形态特征　肉质灌木，高 50～75cm。单生，有时成簇，幼时球形，老时呈圆柱形，直径 12～15cm，具 11～12 条纵棱。刺窝具多数辐射刺及 3～4 枚中央刺，中央刺直针状，较粗，黑褐色，长 10～12mm。花侧生，长 20～24cm，直径 10～12cm；外层花被片披针形，绿色，先端带棕色；内层花被片匙形，急尖，辐射状开展，白色，背面具绿色中肋；花丝白色，柱头 9～11 裂。花期 6 月。

生境与分布　原产于南美洲阿根廷、巴西。全市各地有栽培。

主要用途　花美丽，供观赏；茎可作仙人掌科植物之砧木。

249 昙花

学名 **Epiphyllum oxypetalum** (DC.) Haw.　　属名 昙花属

形态特征　附生肉质灌木。老茎圆柱状，木质化。茎节叶状，侧扁，披针形至长圆状披针形，12～60cm×4～10cm，先端长渐尖至急尖或圆形，基部急尖、短渐尖或渐狭成柄状，边缘波状或具深圆齿，无毛，中肋粗大，两面凸起，刺窝无刺，老株分枝具气生根。花单生于枝侧刺窝内，漏斗状，于夜间开放，芳香，长25～30cm，直径10～12cm；花托筒弯曲，疏生披针形鳞片；萼状花被片绿白色、淡琥珀色或带红晕，通常反曲；瓣状花被片白色；柱头15～20，开展，黄白色。浆果未见。花期7—9月。

生境与分布　原产于中美洲。全市各地有栽培。

主要用途　花供观赏；浆果可食；茎、花入药。

附种　令箭荷花（令箭荷花属）***Nopalxochia ackermannii***，茎边缘呈钝齿形，刺窝有刺座，具3～5mm长的细刺及丛生短刺；花白天开放，夜间闭合，具紫红、粉红、黄、白等色。全市各地有栽培。

令箭荷花

250 火龙果 量天尺

学名 **Hylocereus undatus** (Haw.) Britt. et Rose　属名 量天尺属

形态特征　攀援肉质灌木。具气生根。茎多分枝，绿色，粗壮，直径10～12cm，具3翅状棱，边缘波状或圆齿状。刺窝排列于沿棱凹陷处，每刺窝具开展硬刺1～3枚，刺长2～5(～10)mm。花漏斗状，长25～30cm，直径15～25cm，于夜间开放；花托及花托筒密被鳞片，鳞片长2～5cm；萼状花被片黄绿色（顶端常淡粉红色）；瓣状花被片白色，长10～15cm；雄蕊乳白色，花药淡黄色。浆果红色，椭球形至卵形，长7～12cm，直径5～10cm，具鳞片，果肉白色或红色。花期7—11月，果期7—12月。

生境与分布　原产于南美洲。慈溪、北仑、鄞州、宁海、象山等地设施大棚有栽培。

主要用途　果肉清甜，可食，花可食；茎常作仙人掌科植物之砧木；茎、花、果入药；花、果供观赏。

251 单刺仙人掌

学名 **Opuntia monacantha** Haw. 属名 仙人掌属

形态特征 肉质灌木，高可达2m。分枝多，开展。枝倒卵形、倒卵状长圆形，10～30cm×7.5～12cm，先端圆形，基部渐狭成柄状，嫩时薄而波皱，鲜绿而有光泽，无毛，疏生刺窝；刺窝具短绵毛、倒刺刚毛和刺；刺针状，单生，直立，刺长1～5cm，具黑褐色尖头，或2(～3)枚聚生；老株常具圆柱形主干，每窝可具刺10～12枚。花辐状，直径5～7.5cm，深黄色；柱头6～10。浆果梨形或倒卵球形，长5～7.5cm，紫红色。花期5—6月，果期11—12月。

生境与分布 归化种。原产于南美洲。见于鄞州、奉化、宁海、象山；生于岩质海岸悬崖石隙、滨海岩质山坡、沙滩潮上带、村宅旁陡坎及围墙上。全市各地有栽培。

主要用途 花、枝供观赏；浆果酸甜，可食；茎入药，具清热解毒、消肿散结之功效。本种为本次调查发现的浙江归化新记录植物。

附种 **缩刺仙人掌 *O. stricta***，枝狭倒卵形至倒卵形，刺不发育或单生（刺具褐色横纹）；柱头5。归化种。原产于美洲。见于象山；成片生于海岛面海岩壁上。本种为本次调查发现的浙江归化新记录植物。

缩刺仙人掌

252 蟹爪兰

学名 **Schlumbergera truncata** (Haw.) Moran　　属名 蟹爪兰属

形态特征　附生肉质植物，常呈灌木状。无叶。茎无刺，多分枝，常悬垂，老茎木质化，稍圆柱形，幼茎及分枝扁平；节间长圆形至倒卵形，3～6cm×1.5～2.5cm，鲜绿色，有时稍带紫色，顶端截形，两侧各有2～4粗锯齿，两面中央有一肥厚中肋；刺窝内有时具少许短刺毛。花单生于枝顶，长6～9cm，有紫红、粉红、橘黄等颜色；花冠数轮，下部长筒状，上部分离，越向内则筒越长；雄蕊多数，2轮，伸出，向上拱弯；花柱长于雄蕊，深红色。花期11月至次年2月。

生境与分布　原产于巴西等热带地区。全市各地有栽培。

主要用途　花美丽，供观赏，常作年宵盆花。

四十　瑞香科 Thymelaeaceae*

253 芫花

学名 **Daphne genkwa** Sieb. et Zucc.　　属名 瑞香属

形态特征　落叶灌木，高 0.3～1m。幼枝密被脱落性淡黄色绢状毛。单叶对生，稀互生；叶片椭圆形、长圆形至卵状披针形，3～5.5cm×1～2cm，先端急尖，基部楔形，全缘，幼时下面密被淡黄色绢状毛，老时仅下面中脉微被毛。花先叶开放，3～7 朵成簇，数簇腋生于去年生枝上；萼筒淡紫色或淡紫红色，长约 1cm，4 裂，外被绢毛；无花瓣。核果肉质，白色。花期 3—4 月，果期 6—7 月。

生境与分布　见于慈溪、北仑、奉化、宁海、象山；生于向阳山坡、岩石边或疏林下。产于全省山区、半山区；分布于黄河中下游以南地区；朝鲜半岛也有。

主要用途　花先叶开放，色美，供观赏；花、根均入药，但全株有毒，需慎用；茎皮纤维是制作优质纸和人造棉的原料。

* 本科宁波有 3 属 4 种 1 变种 1 品种，其中栽培 1 种 1 品种。本图鉴全部收录。

254 毛瑞香 白瑞香

学名 **Daphne kiusiana** Miq. var. **atrocaulis** (Rehd.) F. Maekawa **属名** 瑞香属

形态特征 常绿小灌木，高1.2m。枝紫褐色或黑紫色，无毛。单叶互生，偶簇生于枝顶；叶片椭圆形至倒披针形，5～12cm×1.5～3.5cm，先端短尖至渐尖而钝头，基部楔形，全缘，微反卷。花5～13朵组成顶生头状花序；总花梗几无；萼筒管状，白色，长7～8mm，4裂，芳香，外面与花梗均被丝状柔毛；无花瓣。果卵状椭球形，红色，长约1cm。花期(2)3—4月，果期8—9月。

生境与分布 见于慈溪、北仑、鄞州、奉化、宁海、象山；生于海拔100～500m的疏林、山谷、溪边较阴湿处。产于杭州、温州、台州、丽水及安吉、开化、普陀等地；分布于华东、华中、华南、西南。

主要用途 花可提取芳香油；根、茎皮入药，具活血消肿、利咽之功效；茎皮纤维供造纸和制作人造棉；花供观赏。

附种 **金边瑞香** ***D. odora*** **'Marginata'**，叶片长圆形或倒卵状椭圆形，边缘淡黄色；萼筒外面淡紫红色，内面肉红色。全市各地有栽培。

金边瑞香

255 结香 黄瑞香 三椏皮

学名 **Edgeworthia chrysantha** Lindl. 属名 结香属

形态特征 落叶灌木，高达2m。枝粗壮，棕红色，常三叉分枝。单叶互生，常簇生于枝端；叶片椭圆状长圆形至椭圆状倒披针形，8～15(～20) cm×2～5cm，先端急尖或钝，基部楔形下延，全缘，背面粉绿色，具长硬毛。花先叶开放，头状花序腋生，芳香；总花梗粗短而下弯，密被长绢毛；花萼管状，4裂，外面被白色长柔毛，内面黄色；无花瓣。果卵形。花期2—4月，果期8—9月。

生境与分布 产于温州、丽水及临安、淳安、武义、黄岩、天台等地；分布于长江中下游地带。全市各地有栽培。

主要用途 早春开花，黄花芬芳，供观赏；根、叶、花入药，具舒筋活络、润肺益肾之功效；韧皮纤维是优质特种纸和人造棉原料。

256 了哥王 南岭荛花

学名 **Wikstroemia indica** (Linn.) C. A. Mey.　　属名 荛花属

形态特征　落叶灌木，高 0.5～1.5m。全体无毛。根粗壮，淡黄色。枝紫褐色至红褐色。单叶对生；叶片长圆形至椭圆状长圆形，1.5～3cm×0.8～1.5cm，先端尖而钝或急尖，基部楔形，全缘，侧脉极倾斜；叶柄短或几无。伞形式短总状花序顶生；花萼管状，4 裂，黄绿色；无花瓣。核果卵形至椭球形，长约 6mm，熟时红色转紫黑色。花期 5—10 月，果期 8—11 月。

生境与分布　见于北仑、鄞州、奉化、宁海、象山；生于山麓、山坡湿润灌丛中。产于全省山区、半山区；分布于江西、福建、台湾、湖南、广东、广西、贵州、云南等地；东南亚至印度也有。

主要用途　根、叶入药，但有毒，内服需慎用；茎皮纤维供造纸和制作人造棉；花、果供观赏。

257 北江荛花 玲珑荛花

学名 **Wikstroemia monnula** Hance　　属名 荛花属

形态特征 落叶灌木，高 0.7～3m。幼枝被灰色柔毛，老枝紫褐色，无毛。单叶对生，稀互生；叶片卵状椭圆形至长椭圆形，3～4.5cm×1～2.5cm，先端短尖，基部圆形或宽楔形，下面淡绿色，有时带紫红色，疏被柔毛，中脉被毛较多。总状花序顶生而缩短成伞形花序状，具 3～8 花；花萼管状，4 裂，淡红色或紫红色，稀白色，外面被绢状毛；无花瓣。核果卵形，肉质，白色。花期 4—6 月，果期 7—9 月。

生境与分布 见于北仑、鄞州、奉化、宁海、象山；生于向阳山坡灌丛中或疏林下。产于杭州、温州、台州、丽水及开化等地；分布于安徽、江西、福建、湖南、广东、广西、贵州。

主要用途 根入药，具活血散淤之功效；茎皮纤维供造纸和制作人造棉；花供观赏。

四十一　胡颓子科 Elaeagnaceae*

258 巴东胡颓子

学名 **Elaeagnus difficilis** Serv.　　属名 胡颓子属

形态特征　常绿直立或攀援灌木，高 2～3m。偶具短刺。幼枝密被脱落性锈色鳞片。单叶互生；叶片椭圆形或椭圆状披针形，8～13cm×3～5.5cm，先端渐尖，基部圆形或楔形，全缘或微波状，上面幼时散生锈色鳞片，下面外观黄红色，密被锈色和淡黄色鳞片。花黄褐色，密被鳞片，数朵生于叶腋短枝上，组成伞形总状花序；萼筒钟形或圆筒状钟形，在子房上端骤然收缩。果实长椭球形，长 14～17mm，被锈色鳞片，熟时橘红色。花期 11 月至次年 3 月，果期次年 4—5 月。

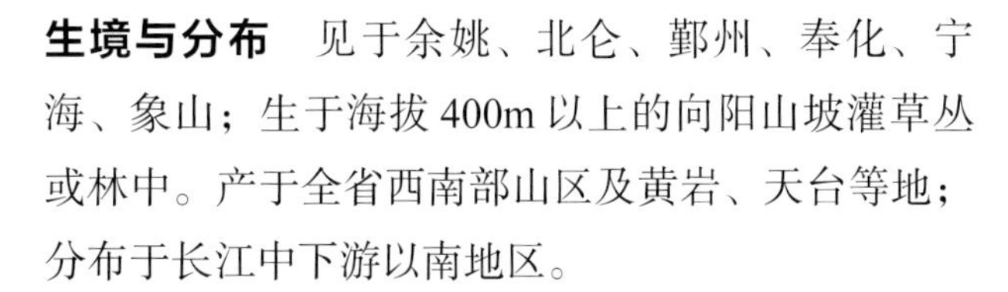

生境与分布　见于余姚、北仑、鄞州、奉化、宁海、象山；生于海拔 400m 以上的向阳山坡灌草丛或林中。产于全省西南部山区及黄岩、天台等地；分布于长江中下游以南地区。

主要用途　根入药，具温下焦、祛寒湿、收敛止泻之功效；果可食；供观赏。

* 本科宁波有 1 属 7 种 3 品种，其中栽培 3 品种。本图鉴全部收录。

259 蔓胡颓子 藤胡颓子

学名 **Elaeagnus glabra** Thunb. 属名 胡颓子属

形态特征 常绿蔓生或攀援灌木。通常无刺。幼枝、果均密被锈色鳞片。单叶互生；叶片卵状椭圆形至椭圆形，4～10cm×2.5～5cm，先端渐尖，基部近圆形或楔形，全缘，微反卷，下面外观灰褐色、黄褐色至红褐色，被褐色鳞片。伞形短总状花序具3～7花，下垂，淡白色，密被银白色鳞片，并散生锈色鳞片；萼筒狭圆筒状漏斗形，在子房上端不明显收缩。果长球形，长14～19mm，熟时红色。花期9—11月，果期次年4—5月。

生境与分布 见于全市丘陵山地；生于向阳山坡林中、林缘或路边。产于全省山区、半山区；分布于长江以南地区；日本也有。

主要用途 果可食；供观赏；根、叶、果入药，具利水通淋、止咳平喘、散淤消肿之功效。

260 宜昌胡颓子

学名 **Elaeagnus henryi** Warb. ex Diels　属名 胡颓子属

形态特征　常绿灌木，高3～5m。具刺。幼枝被脱落性淡褐色鳞片。单叶互生；叶片宽椭圆形或倒卵状宽椭圆形，6～15cm×3～6cm，先端渐尖或急尖，基部钝形或宽楔形，边缘有时稍反卷，上面幼时被褐色鳞片，下面外观银灰色，散生褐色鳞片，侧脉明显凸起。短总状花序具1～5花，银白色，密被鳞片；萼筒圆筒状漏斗形，内侧密被白色星状柔毛和少数褐色鳞片。果实长球形，长18mm，熟时红色，被鳞片。花期10—11月，果期次年4月。

生境与分布　见于余姚、北仑、象山；生于山地林缘、溪边或灌丛中。产于全省西南部山区及温岭等地；分布于长江中下游以南地区。

主要用途　供观赏；果可食；茎、叶入药，具驳骨消积、清热利湿、消肿止痛、止咳止血之功效。

261 大叶胡颓子

学名 **Elaeagnus macrophylla** Thunb.　　属名 胡颓子属

形态特征　常绿灌木，高2～3m。无刺。幼枝扁棱形，密被淡黄白色鳞片。单叶互生；叶片宽卵形、宽椭圆形至近圆形，4～9cm×4～6cm，先端钝尖，基部圆形至近心形，全缘，上面幼时被银白色鳞片，下面外观银白色，密被鳞片。短总状花序具1～8花，白色，被鳞片；萼筒钟形，在子房上端骤缩。果实长椭球形，长14～18mm，被银白色鳞片。花期9—10月，果期次年3—4月。

生境与分布　见于慈溪、象山；生于海边山坡林缘、灌丛中。产于全省沿海岛屿；分布于江苏、山东、台湾；朝鲜半岛及日本也有。

主要用途　供栽培观赏；果可食。

262 木半夏 判楂

学名 **Elaeagnus multiflora** Thunb.　属名 胡颓子属

形态特征　落叶灌木，高达3m。通常无刺。枝密被锈褐色鳞片。单叶互生；叶片椭圆形或卵形，3～7cm×1.2～4cm，先端钝尖或急尖，基部锐尖或钝，全缘，上面具脱落性银白色鳞片，下面银白色并被褐色鳞片。花白色，单生于新枝基部；花梗细长；萼筒圆筒形，基部骤缩。果实长倒卵形至椭球形，长12～14mm，密被锈色鳞片，熟时红色，果梗长15～40mm，下垂。花期3—4月，果期5—7月。

生境与分布　见于余姚、北仑、鄞州、奉化、宁海、象山；生于山坡、路边灌丛中。产于全省山区、半山区；分布于长江以南及山东、河北、陕西等地；日本也有。

主要用途　供观赏；果可食；果实、根、根皮入药，具活血行气、平喘止咳、收敛止痢之功效。

263 胡颓子 斑楂

学名 **Elaeagnus pungens** Thunb. 属名 胡颓子属

形态特征 常绿灌木，高3～4m。常具棘刺。幼枝密被脱落性锈褐色鳞片。单叶互生；叶片椭圆形、宽椭圆形，稀长圆形，5～10cm×1.8～5cm，先端锐尖或钝，基部钝或近圆形，全缘，常微反卷或皱波状，上面被脱落性银白色和褐色鳞片，下面外观银白色，散生褐色鳞片。短总状花序具1～3花，银白色，下垂，密被鳞片；萼筒圆筒形或漏斗状圆筒形。果椭球形，长12～14mm，被锈色鳞片，熟时橙红色。花期9—12月，果期次年4—6月。

生境与分布 见于全市丘陵山地；生于山坡林中、向阳溪沟边、路旁。产于全省山区、半山区；分布于长江以南地区；日本也有。

主要用途 供栽培观赏；果入药，具消食止痢之功效；果可食。

本种宁波常见栽培的品种有：金边胡颓子'Aurea'（叶片边缘为不规则乳黄色），全市各地有栽培；金心胡颓子'Maculata'（叶片近中央部分乳黄色），慈溪、鄞州、奉化有栽培。

附种 金边艾比胡颓子 *E.* × *submacrophylla* 'Gilt Edge'，叶片长圆形，先端钝、钝尖或短渐尖，叶缘金黄色。慈溪、北仑、鄞州、奉化及市区有栽培。

金边胡颓子

金心胡颓子

金边艾比胡颓子

264 牛奶子 天青下白

学名 **Elaeagnus umbellata** Thunb. 属名 胡颓子属

形态特征 落叶灌木，高达4m。通常具刺。幼枝密被银白色鳞片，有时全被深褐色或锈色鳞片。单叶互生；叶片狭椭圆形、椭圆形或倒卵状披针形，3～8cm×1～3.5cm，先端钝尖，基部圆形或楔形，全缘或皱波状，上面具脱落性白色星状短柔毛或鳞片，下面银白色并散生褐色鳞片。花先叶开放，1～7朵簇生于新枝基部，黄白色，芳香，密被银白色鳞片；萼筒圆筒状漏斗形。核果近球形至卵形，长约6mm，被银白色鳞片，熟时红色，果梗长3～10mm，直立。花期4—6月，果期9—10月。

生境与分布 见于全市山地丘陵；生于林缘、岩石边、溪旁、山岗灌丛中。产于全省山区、半山区；分布于黄河中下游以南及辽宁等地；东南亚、南亚、朝鲜半岛及日本、阿富汗、意大利也有。

主要用途 根、叶、果实（牛奶子）入药，具清热利湿、止血、止泻之功效；供观赏。

四十二　千屈菜科 Lythraceae*

265 水苋菜

学名 **Ammannia baccifera** Linn.　　属名 水苋菜属

形态特征　一年生草本，高10～50cm。茎四棱形，直立，多分枝，略带淡紫色。单叶对生，有时近互生；叶片长椭圆形、倒披针形或披针形，生于茎上者长达5cm，生于侧枝者显著较小，0.6～3cm×0.2～0.6cm，先端急尖或钝，基部渐狭；近无柄。花腋生，数朵组成聚伞花序，几无总梗；花极小，无花瓣，绿色或淡紫色。蒴果球形，紫红色，直径约1.5mm，顶端不规则开裂。花期8—10月，果期9—12月。

生境与分布　见于镇海、北仑、鄞州、宁海；生于潮湿地或水田中。产于杭州市区、兰溪、义乌等地；分布于华东、华中、华南及云南、陕西、河北；东南亚、非洲热带地区及印度、阿富汗、澳大利亚也有。

主要用途　全草入药，具消淤止血、接骨之功效。

附种　**耳基水苋** ***A. auriculata***，茎上部四棱形或略具狭翅，少分枝；叶基部心状耳形，略抱茎；总花梗长3～5mm；花瓣4，黄白色；蒴果扁球形，直径2～3.5mm。见于鄞州、宁海、象山；生于湿地、水田中。

耳基水苋

* 本科宁波有5属11种4品种，其中栽培2种4品种。本图鉴全部收录。

266 细叶萼距花

学名 **Cuphea hyssopifolia** Kunth　　属名 萼距花属

形态特征　常绿半灌木，高 30～50cm。多分枝，小枝红褐色，密被短柔毛并疏生刺毛。单叶对生或近对生；叶密集；叶片披针形或狭椭圆形，5～15mm×1.2～4mm，先端急尖，基部圆楔形或钝圆，下面疏生柔毛和刺毛，常散生少数红色腺体；叶柄短。花腋生，小而密集，直径约 7mm，淡紫色或紫红色；花萼管状，基部具短距；花瓣 6。蒴果长球形。花果期 5—10 月。

生境与分布　原产于墨西哥及危地马拉。慈溪、鄞州及市区有栽培。

主要用途　供观赏。

267 紫薇

学名 **Lagerstroemia indica** Linn.　　属名 紫薇属

形态特征　落叶灌木或小乔木，高达7m。树皮光滑，片状剥落。枝干多扭曲；小枝具4棱，常具狭翅。单叶互生或对生；叶片椭圆形至倒卵形，3～7cm×1.5～4cm，先端短尖或钝形，有时微凹，侧脉3～7对；近无柄。圆锥花序顶生；花淡红色或淡紫色，直径3～4cm；花萼无棱，无毛。蒴果圆球形至椭球形，长1～1.2cm。花期7—9月，果期9—11月。

生境与分布　见于奉化；生于山坡路旁；全市各地普遍栽培。产于全省山区、半山区；分布于华东、华中、华南、西南、华北及吉林；东南亚、南亚及日本也有。

主要用途　树皮斑驳而光洁，花序大，花色多样而艳丽，花期特长，是优良观赏树种，也适作盆景；树皮、叶、花、根、根皮入药；材用。

全市各地见栽培的品种有：银薇‘Alba’（花白色），全市各地均有栽培；紫叶紫薇‘Atropurpurea’（叶片紫红色，花紫红色或淡紫色），全市各地均有栽培；翠薇‘Rubra’（花亮紫色），全市各地均有栽培；矮紫薇‘Petite Pinkie’（植株矮小，高40～60cm，主干多分枝），余姚等地有栽培。

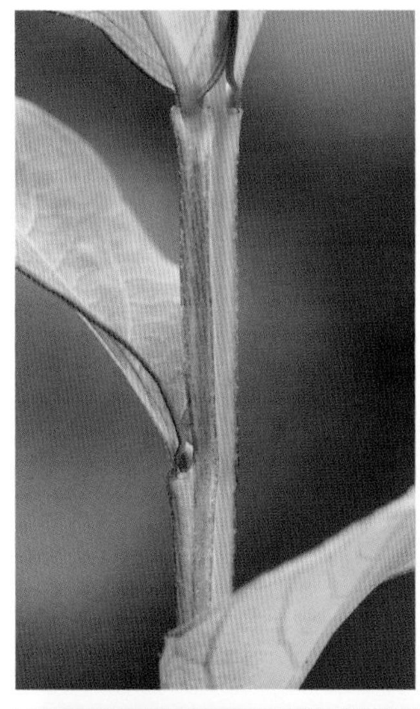

银薇

紫叶紫薇

矮紫薇

翠微

268 福建紫微 浙江紫薇

学名 **Lagerstroemia limii** Merr.　**属名** 紫薇属

形态特征　落叶灌木或小乔木，高达6m。树皮细浅纵裂，宿存。小枝圆柱形，密被灰黄色柔毛。单叶互生至近对生；叶片革质至近革质，6～18cm×3～8cm，先端短渐尖或急尖，基部短尖或圆形，下面密被柔毛，侧脉10～17对；叶柄短。圆锥花序顶生；花萼有棱，外面被柔毛，内面无毛，裂片间有明显附属物；花淡红色，直径1.5～2cm。蒴果卵形，长8～12mm。花期6—9月，果期8—11月。

生境与分布　见于慈溪、余姚、镇海、北仑、鄞州、奉化、象山；生于低海拔沟谷溪边或山坡灌丛中。产于杭州、温州、绍兴、金华、台州等地。

主要用途　花序大，花色艳，花期长，供观赏。

269 南紫薇

学名 **Lagerstroemia subcostata** Koehne　　属名 紫薇属

形态特征 落叶乔木或灌木状，高达8m。树皮灰白色，薄片状剥落。小枝圆柱形，幼时稍具4棱。单叶对生或近对生，有时上部互生；叶片膜质，长圆形或长圆状披针形，2～9(～11)cm×1.5～5cm，先端渐尖，平展，基部宽楔形，两面常有柔毛，侧脉5～10对；叶柄长2～4mm。圆锥花序顶生；花小，白色，直径约1cm；花萼有棱，无毛或有微柔毛；花瓣与瓣柄近等长。蒴果椭球形，长6～8mm。花期7—9月，果期8—10月。

生境与分布 见于北仑；生于山坡林缘或灌丛中；奉化、宁海、象山有栽培。产于杭州、衢州、丽水及东阳等地；分布于华东、华中、华南及四川、青海等地；日本、菲律宾也有。

主要用途 供观赏；材用；花、根入药，具祛毒消淤之功效。

附种 **尾叶紫薇** ***L. caudata***，树皮褐色；全体无毛；叶片近革质，宽椭圆形，7～12cm×3～5.5cm，先端尾尖，尖头常扭曲，边缘微波状；叶柄长6～10mm；花较大，直径约1.5cm，花瓣长于瓣柄。镇海、奉化及市区有栽培。

尾叶紫薇

270 千屈菜

学名 **Lythrum salicaria** Linn.　　属名 千屈菜属

形态特征　多年生草本，高达1m。茎直立，多分枝，枝通常具4棱。单叶对生，稀互生或三叶轮生；叶片披针形或宽披针形，3～8cm×0.4～1.5cm，先端急尖，基部圆形或心形，有时略抱茎，全缘，无柄。小聚伞花序簇生，因花梗及总梗极短，花枝形似大型穗状花序；花红紫色或淡紫色；萼筒有纵棱12条；花瓣6。蒴果扁球形，包藏于宿存萼筒之内。花果期7—10月。

生境与分布　见于余姚、北仑、鄞州、奉化、宁海、象山；生于河岸、湖畔、溪沟边、潮湿草地。产于临安、桐庐、德清等地；分布于全国各地；亚洲、欧洲、非洲、北美洲及澳大利亚也有。

主要用途　常栽培于水边或作盆栽，供观赏；全草入药，具清热解毒、凉血止血之功效；嫩茎、嫩叶可食。

271 圆叶节节菜

学名 **Rotala rotundifolia** (Buch.-Ham. ex Roxb.) Koehne　属名 节节菜属

形态特征　一年生草本，高 5～30cm。常丛生，茎直立，基部具 4 棱。单叶对生；叶片近圆形、宽倒卵形或宽椭圆形，5～15mm×3～12mm，先端圆形，基部渐狭；无柄。花生于苞片内，组成 1～7 个顶生穗状花序，花序长 1～6 cm；花极小，淡紫红色；花瓣 4。蒴果椭球形，3～4 瓣裂。花果期 5—12 月。

生境与分布　见于全市各地；生于水田或潮湿地。产于杭州以南各地；分布于华东、华中、华南、西南；东南亚、南亚及日本也有。

主要用途　本种是我国南部水稻田的主要杂草之一，可作猪饲料；全草入药，具清热利湿、解毒之功效；幼苗可食。

附种 1　**节节菜 *R. indica***，叶片倒卵状椭圆形或长圆状倒卵形，宽 2～7mm；穗状花序腋生；蒴果常 2 瓣裂。见于余姚、北仑、鄞州、奉化、宁海、象山；生于水沟或水田中。

附种 2　**轮叶节节菜 *R. mexicana***，茎具 4～6 棱，常沉于水中；3 叶（稀 4～5 叶）轮生；叶片窄披针形或宽条形，宽 0.5～2mm；花单生于叶腋，略带红色，无花瓣；花期 9—10 月。见于北仑、鄞州、奉化、宁海、象山；生于海拔 200m 以下的水田中。

节节菜

轮叶节节菜

四十三　石榴科 Punicaceae*

272 石榴 安石榴

学名 **Punica granatum** Linn.　　属名 安石榴属

形态特征　落叶灌木或小乔木，高 2～5m。全体无毛。小枝略带四棱形，枝顶常成锐尖长刺。单叶对生或簇生；叶片长圆状披针形，2～8cm×1～2cm，先端短尖或微凹，上面具光泽，下面有透明腺点。花大，1 至数朵；花梗短或近无梗；萼钟形，红色、橘红色或淡黄色；花瓣红色、黄色或白色，皱缘。果近球形，直径 5～12cm 或更大，黄褐色至红褐色，果皮革质。花期 5—7 月，果期 9—11 月。

生境与分布　原产于中亚至巴尔干半岛一带。全市各地有栽培。

主要用途　著名果树，外种皮可食；花果艳丽，嫩叶常红色，秋叶金黄，供观赏；果皮、根皮、花、种子、叶入药。

本种宁波常见栽培的品种有：月季石榴 'Nana'（矮小灌木；叶片条状披针形；花红色；果小，熟时粉红色），全市各地有栽培；重瓣红石榴 'Pleniflora'（花大型，重瓣，红色），奉化、宁海、象山及市区有栽培。

* 本科宁波有 1 属 1 种 2 品种，其中栽培 1 种 2 品种。本图鉴全部收录。

月季石榴

重瓣红石榴

四十四　蓝果树科 Nyssaceae*

273 喜树

学名 **Camptotheca acuminata** Decne.　　属名 喜树属

形态特征　落叶乔木，高达25m。树皮灰色至浅灰色，纵裂成浅沟状。当年生小枝紫绿色，被脱落性微茸毛。单叶互生；叶片椭圆状卵形，5～17cm×6～12cm，先端渐尖，基部近圆形或宽楔形，全缘，下面沿脉密生灰色匀细短柔毛，侧脉10～15对，弧状平行，显著。头状花序再组成圆锥花序；花瓣淡绿色。果序球形；果长2～2.5cm，具窄翅，熟时褐色。花期7月，果期9—11月。

生境与分布　分布于长江以南地区。全市各地有栽培。

主要用途　我国特有种，国家Ⅱ级重点保护野生植物。优良观赏树种，宜于风景区、公园、庭园、郊外公路绿化；全株可提取抗肿瘤成分。

* 本科宁波有3属3种，其中栽培2种。本图鉴全部收录。

274 珙桐

学名 **Davidia involucrata** Baill. 属名 珙桐属

形态特征 落叶乔木，高15～25m。树皮深灰色或深褐色，常不规则薄片状脱落。当年生枝紫绿色。单叶互生；叶片宽卵形或近圆形，9～15cm×7～12cm，先端急尖或短急尖，尖头微弯曲，基部心形或深心形，边缘有三角形而锐尖的粗锯齿，上面稀被脱落性长柔毛，下面密被淡黄色或淡白色丝状粗毛，中脉和侧脉在上面显著。头状花序顶生；苞片2～3，纸质，硕大而呈花瓣状，乳白色。核果长卵球形，长3～4cm，紫绿色，具黄色斑点。花期4月，果期10月。

生境与分布 分布于西南及湖北、湖南。奉化有栽培。

主要用途 我国特有种，国家Ⅰ级重点保护野生植物。树体高大，叶色亮绿，苞片奇特，为著名的观赏树种；叶入药，具抗癌、杀虫之功效。

275 蓝果树

学名 **Nyssa sinensis** Oliv. 属名 蓝果树属

形态特征 落叶乔木，高达25m。树皮深灰色或深褐色，粗糙，常薄片状剥落；幼枝淡绿色，后变紫褐色，皮孔显著。单叶互生；叶片椭圆形或长椭圆形至近卵状披针形，6～15cm×4～8cm，先端急尖至长渐尖，基部近圆形，边缘微波状，下面沿脉疏生丝状长伏毛。伞形或短总状花序；雌雄异株；雄花序着生于无叶老枝上，雌花序着生于具叶幼枝上。核果椭球形或倒卵球形，长1～1.2cm，熟时蓝黑色，后变深褐色。花期4—5月，果期7—10月。

生境与分布 见于余姚、北仑、鄞州、奉化、宁海、象山；生于海拔300～1000m的山谷、山坡阳光充足而又较湿润的阔叶林中。产于杭州、温州、金华、衢州、台州、丽水等地；分布于华东、华中、华南、西南。

主要用途 春秋色叶树种，供山区生态林营造及园林观赏；材用；果可食；根入药，具抗肿瘤之功效。

四十五　八角枫科 Alangiaceae*

276 八角枫

学名 **Alangium chinense** (Lour.) Harms　　属名 八角枫属

形态特征　落叶小乔木或灌木，高3～5m。树皮淡灰色。小枝略呈“之”字形曲折，无毛或初被疏毛。单叶互生；叶片近圆形、椭圆形或卵形，12～20(～25)cm×8～15(～21)cm，不裂或3～7(～9)裂，裂片短锐尖或钝尖，基部极偏斜，宽楔形、截形，稀近心形，下面叶腋有簇毛，基出脉3～5条。聚伞花序下垂，具7～30花或更多；花瓣黄白色，长1～1.5cm，上部外卷。核果卵球形，长6～7mm，熟时亮黑色。花期5—7月，果期9—10月。

生境与分布　见于全市丘陵山区；生于沟谷林缘、向阳山坡疏林中。产于全省低山丘陵；分布于秦岭以南地区。

主要用途　叶形奇特，秋叶转色，适于山区生态林营造，以及园林观赏、边坡及厂矿区绿化；侧根、须根、叶、花入药。

* 本科宁波有1属2种1变种。本图鉴全部收录。

277 毛八角枫

学名 **Alangium kurzii** Craib　　属名 八角枫属

形态特征　落叶小乔木，高5～10m。树皮深褐色。嫩枝、叶、花序被柔毛或短柔毛。单叶互生；叶片近圆形或宽卵形，12～14cm×7～9cm，先端短渐尖，基部偏斜，心形或近心形，通常不裂，脉腋有簇毛，基出脉3～5条；叶柄长2.5～4cm，多被黄褐色毛。聚伞花序下垂，具5～7花；花瓣白色，具香气，长2～2.5cm，上部外卷。核果椭球形或长球形，长1.2～1.5cm，熟时黑色。花期5—6月，果期9月。

生境与分布　产于慈溪、余姚、北仑、鄞州、奉化、宁海、象山，生于低海拔疏林中、林缘。产于杭州、温州、台州、丽水及安吉、开化等地；分布于长江以南地区。

主要用途　枝叶扶疏，花形特异而具香气，秋叶转黄，供山区生态林营造及园林观赏；根、须根、根皮、叶、花入药；种子供化工用。

附种　**云山八角枫** var. ***handelii***，叶片长圆状卵形或椭圆状卵形，较狭；幼枝、叶柄具脱落性毛，叶背有疏毛或仅沿脉有毛；叶柄较短；核果较小。见于慈溪、余姚、镇海、北仑、鄞州、奉化、宁海、象山；生于山坡疏林中。

云山八角枫

四十六　桃金娘科 Myrtaceae*

278 红千层

学名 **Callistemon linearis** (Smith) DC.　　属名 红千层属

形态特征　常绿灌木。树皮坚硬，灰褐色。小枝与叶片被脱落性长丝毛；嫩枝有棱。单叶互生；叶片坚革质，条形，5～9cm×0.3～0.6cm，先端尖锐，油腺点明显，干后凸起，中脉在两面均凸起，侧脉明显，边脉位于边上，凸起。穗状花序顶生；雄蕊长2.5cm，鲜红色。蒴果半球形，长5mm，先端平截。花期5—8月。

生境与分布　原产于澳大利亚。镇海、江北、鄞州、奉化、象山及市区有栽培。

主要用途　花序似“瓶刷子”，红色，供园林观赏，也可作鲜切花或制作盆景；小枝、叶入药，具祛痰泄热之功效。

附种　千层金（白千层属）***Melaleuca bracteata* 'Revolution Gold'**，叶片金黄色或鹅黄色，披针形，1～3cm×0.2～0.3cm；花乳白色。原产于澳大利亚至马来西亚。慈溪、江北、奉化、宁海、象山及市区有栽培。

---

* 本科宁波有7属11种2品种，其中栽培9种2品种。本图鉴收录5属3种2品种，其中栽培2种2品种。

千层金

279 松红梅

学名 **Leptospermum scoparium** J. R. Forst. et G. Forst. 属名 薄子木属

形态特征 常绿灌木，高约 2m。枝条红褐色，新梢通常具茸毛。单叶互生；叶片条形或条状披针形，0.7～2cm×0.2～0.6cm。花单生，红色、粉红色、桃红色、白色等，单瓣或重瓣，花直径 0.5～2.5cm。蒴果革质，成熟时先端裂开。花期春末至初夏，果期夏秋季。

生境与分布 原产于新西兰、澳大利亚。全市各地有栽培。

主要用途 枝叶繁茂，花色艳丽，花形精美，供园林观赏，或作鲜切花；枝、叶供化工用；枝、叶入药，可治呼吸道疾病等。

280 花叶香桃木

学名 **Myrtus communis** Linn. **'Variegatus'**　　属名 香桃木属

形态特征　常绿灌木，高2～4m。枝具4棱，幼嫩部分稍被腺毛。单叶对生，在枝上部常3～4片轮生；叶片卵形至披针形，长2～5cm，先端渐尖，基部楔形，边缘具金黄色斑纹，有光泽，全缘，叶揉搓后具香气。花腋生，洁白，芳香。浆果黑紫色。花期5—6月，果期11—12月。

生境与分布　原产于地中海地区。江北、北仑等地有栽培。

主要用途　叶色美丽，花洁白芳香，供观赏。

281 赤楠

学名 **Syzygium buxifolium** Hook. et Arn. 属名 蒲桃属

形态特征 常绿灌木或小乔木，高达 5m。枝叶无毛；嫩枝有棱角。单叶对生；叶片革质，具透明油点，椭圆形或倒卵形，1～3cm×1～2cm，先端圆钝，有时具钝尖头，基部宽楔形，侧脉不明显，在近叶缘处汇合成 1 边脉。聚伞花序顶生，长约 1cm；花白色。浆果球形，直径 5～7mm，成熟时由紫红转紫黑色。花期 6—8 月，果期 10—11 月。

生境与分布 见于全市丘陵山区；生于海拔 500m 以下的山坡、沟谷林下或灌丛中。产于全省山区、半山区；分布于长江以南地区。

主要用途 枝叶紧凑，叶色浓绿光亮，供断面、边坡覆绿，生物防火林带绿化，风景区、公园、庭园观赏及石景点缀，也是制作盆景之良材；果可食；叶、根、根皮入药。

四十七 野牡丹科 Melastomataceae*

282 秀丽野海棠

学名 **Bredia amoena** Diels　　属名 野海棠属

形态特征 常绿小灌木，高达0.8m。嫩枝、总花梗、花序轴及分枝、花萼均密被红棕色或红褐色微柔毛和腺毛。单叶对生；叶片卵形至椭圆形，4～10cm×2～5.5cm，先端渐尖或短渐尖，基部圆形至宽楔形，具疏浅波状齿，两面略被微柔毛或近无毛，基出脉5条。聚伞花序组成圆锥花序；花瓣粉红色或紫红色。蒴果近球形，直径约3.5mm。花期7—8月，果期9—10月。

生境与分布 见于北仑、鄞州、奉化；生于海拔200m以上的沟谷林下或路边草丛中。产于温州、衢州、台州、丽水及嵊州、武义等地；分布于安徽、江西、福建、湖南、广东等地。

主要用途 可作林下地被；全株入药，具祛风利湿、活血调经之功效。

* 本科宁波有4属4种，其中栽培1种。本图鉴全部收录。

283 地菍

学名 **Melastoma dodecandrum** Lour. 属名 野牡丹属

形态特征 半灌木，高10～30cm。茎匍匐或披散，下部逐节生根，多分枝；幼枝、叶片上面近边缘和下面基部脉上均疏生糙伏毛。单叶对生；叶片椭圆形或卵形，1.5～4cm×0.8～3cm，先端急尖或圆钝，基部宽楔形至圆形，边缘具细圆锯齿或近全缘，基出脉3～5条。聚伞花序具1～3花，基部具2枚叶状总苞；花瓣粉红色或紫红色。果坛状球形，直径约8mm，肉质，具刺毛，熟时黑紫色。花果期6—10月。

生境与分布 见于除江北外的全市各地；生于山坡草丛中、疏林下。除浙北平原未见外，全省各地均产；分布于江西、福建、湖南、广东、广西、贵州等地。

主要用途 果可鲜食；全株入药，具清热解毒、活血止血、补脾益肾之功效；花果期长，供盆栽观赏。

284 金锦香

学名 **Osbeckia chinensis** Linn.　　属名 金锦香属

形态特征　直立半灌木，高达 50cm。茎和分枝四棱形，与叶两面均被紧贴的糙伏毛。单叶对生；叶片条形或条状披针形，2～5cm×0.4～1cm，先端急尖，基部钝或圆形，基出脉 3～5 条；叶柄极短。头状花序，几无梗，基部有 2～6 枚叶状苞片；花瓣 4，淡紫红色。果卵状球形，长约 5mm，紫红色，宿存萼筒长 6mm。花果期 7—11 月。

生境与分布　见于余姚、北仑、奉化、象山；生于海拔 1000m 以下的荒山草坡、疏林中或田地边。产于全省丘陵山地；分布于长江以南地区。

主要用途　全草入药，具清热解毒、收敛止血之功效。

285 巴西野牡丹

学名 **Tibouchina semidecandra** (Schrank et Mart. ex DC.) Cogn. 属名 蒂牡花属（光荣树属）

形态特征 常绿灌木，高 0.6～1.5m。茎四菱形，分枝多；小枝红褐色。单叶对生；叶片革质，披针状卵形，3～7cm×1.5～3cm，先端渐尖，基部楔形，全缘，上面光滑无毛，背面被细柔毛，基出脉 5 条，在背面隆起。伞形花序着生于分枝顶端，近头状，具 3～5 花；花萼长约 8mm，外面密被短糙伏毛；花瓣 5，紫色。蒴果坛状球形。花果期几乎全年，秋季盛花。

生境与分布 原产于巴西。全市各地有栽培。

主要用途 枝叶清秀，花色艳丽，花期长，供观赏。

四十八 菱科 Trapaceae*

286 乌菱 红菱

学名 **Trapa bicornis** Osbeck 属名 菱属

形态特征 一年生浮水草本。浮水叶片扁圆状菱形或宽菱形，3～7cm×4～10cm，先端急尖或稍钝，基部宽楔形或近截形，中上部边缘具三角状齿或浅齿，齿端常有1～2个骨质小棘刺，叶背绿色或紫红色，常有棕褐色小斑点，被脱落性短茸毛，脉上及边缘尤密；气囊直径达1.2cm。花瓣白色。果绿色或紫红色，后变黑褐色，弓状元宝形，高2.5～3.5cm，2肩角水平展开，顶端下弯，形似水牛角，角端相距6.5～8.5cm，腰角缺，果喙短圆锥形。花果期7—10月。

生境与分布 鄞州、宁海有栽培。杭嘉湖、宁绍、温黄等平原地区及长江以南省份有栽培。

主要用途 种子白色脆嫩，富含淀粉，常供熟食或制菱粉；果壳、果柄、果、茎、叶柄入药，具健胃止痢、抗癌之功效；菱盘形状奇特，供水面绿化观赏。

附种 二角菱 ***T. bispinosa***，叶背有棕黄色茸毛，脉上尤密；气囊直径3～6mm；果近弓形或元宝状弓形，高2～2.5cm，2肩角近水平开展，角端相距5～6cm。鄞州、奉化、宁海、象山有栽培。

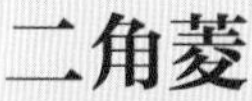

二角菱

---

* 本科宁波有1属7种，其中栽培3种。本图鉴全部收录。

287 野菱 四角刻叶菱

学名 **Trapa incisa** Sieb. et Zucc. 属名 菱属

形态特征 一年生浮水草本。浮水叶片菱形或扁圆状菱形，2.5～4cm×4～6cm，中上部边缘具三角形齿或浅齿，背面被棕褐色柔毛，脉上尤密；气囊长1～2cm，直径3～8mm。花白色，单生于叶腋。果高1.5～2cm，具4刺状角，顶端均有倒刺，2肩角水平开展，角端相距3～4cm，2腰角与肩角近等长，略下倾，肩角与腰角之间有一小瘤状突起，果喙圆锥状，长2mm。花果期7—10月。

生境与分布 见于全市各地；生于池塘、湖泊、断头河中。产于全省各地；分布于华东、华中、华南、西南、华北；东南亚及日本也有。

主要用途 国家Ⅱ级重点保护野生植物。果实小，富含淀粉，供食用；果壳、果柄、果、茎、叶入药；菱盘形状奇特，供水面绿化观赏。

附种1 耳菱 ***T. potaninii***，叶缘齿端常有1～2个骨质小棘刺；气囊长2～3cm，直径可达1.3cm；果实2腰角无倒刺，果喙长约3mm。见于北仑；生于池塘或湖泊中。

附种2 格菱 ***T. pseudoincisa***，叶背有棕色斑块，脉上疏被灰褐色短毛；果实2肩角刺圆形，腰角缺，其位置上有丘状突起物。见于鄞州；生于池塘或湖泊中。

耳菱

格菱

288 细果野菱

学名 **Trapa maximowiczii** Korsh. 属名 菱属

形态特征 一年生浮水草本。植株较纤细，叶片及果实均比其他种小。浮水叶片三角状菱形或近菱形，长 1.2～2.5cm，宽与长近相等，中上部边缘具三角形齿或重锯齿，背面具明显棕褐色小斑块，脉上常密被毛；气囊长 0.8～1.8cm，直径 5～6mm。花淡红色，单生于叶腋。果高 1～1.5cm，具尖锐 4 角，2 肩角斜上升，角端相距 1～2cm，腰角细圆锥状，与肩角等长或稍短，下倾，果喙长 3～4mm。花果期 5—10 月。

生境与分布 见于全市各地；生于湖泊、池塘或断头河中。产于全省各地；分布于华东、华中、华北、东北；东亚也有。

主要用途 果实小，富含淀粉，可食；果入药，具健胃止痢、抗癌之功效；供水面绿化。

289 四角菱

学名 **Trapa quadrispinosa** Roxb. 属名 菱属

形态特征 一年生浮水草本。浮水叶片菱形或扁圆状菱形，3～6cm×5～9.5cm，中上部边缘具三角形浅齿或重锯齿，叶背有棕褐色小斑块，密被毛，脉上尤密；气囊长2～3.5cm，直径可达1.5cm。花白色，单生于叶腋。果近绿色、黄绿色或紫红色，近元宝形，高2～3cm，具4刺状角，顶端均有倒刺，2肩角相距4～7cm，与腰角间无瘤状突起，腰角近等长，略下倾或顶端向下反曲，果喙长2～4mm。花果期7—11月。

生境与分布 分布于华东、华中及海南等地；日本、泰国、印度也有。全市各地常见栽培。

主要用途 果肉鲜嫩，富含淀粉，供生食、熟食或提取淀粉；药效同乌菱；菱盘形状奇特，供水面绿化观赏。

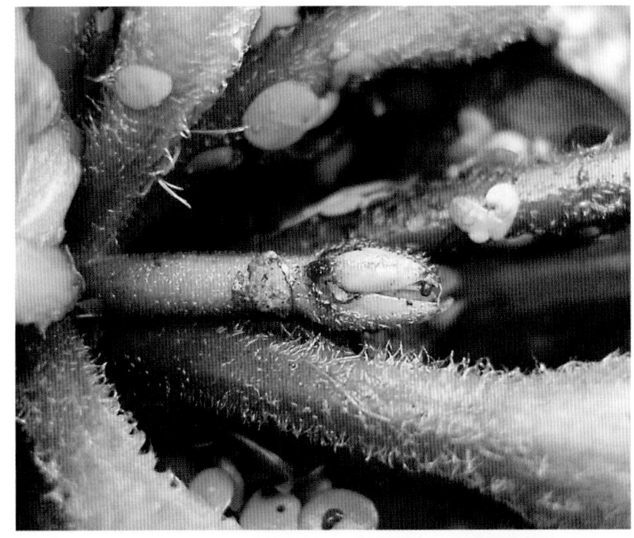

四十九　柳叶菜科 Onagraceae*

290 谷蓼

学名 **Circaea erubescens** Franch. et Sav.　属名 露珠草属（谷蓼属）

形态特征　多年生草本，高10～60cm。茎、花序梗、果梗无毛。节、叶通常略带红色。单叶对生；叶片卵形或披针形，3～10cm×1～4cm，先端短渐尖，基部近圆形或宽楔形，边缘具浅锯齿，通常无毛。总状花序；萼片红紫色；花瓣红色、粉色至白色。果实坚果状，倒卵形至宽倒卵形，长约3mm，密被钩状毛，疏被棒头状腺毛。花期6—9月，果期7—10月。

生境与分布　见于余姚、鄞州、奉化；生于林下、山谷、路边草丛中。产于丽水及临安、天台等地；分布于长江以南地区；东北亚也有。

主要用途　全草入药，具清热解毒、化淤止血之功效。

* 本科宁波有5属11种1亚种1品种，其中栽培2种1品种，归化3种。本图鉴全部收录。

291 南方露珠草

学名 **Circaea mollis** Sieb. et Zucc.　　**属名** 露珠草属(谷蓼属)

形态特征　多年生草本，高 20～70cm。茎密被弯曲柔毛。单叶对生；叶片卵形至椭圆状披针形，(3～)5～10cm×2～4.5cm，向上叶形渐小，最后变为叶状苞片，先端渐尖至短尾尖，基部圆楔形至宽楔形，近全缘至疏生细锯齿，两面被短柔毛，背面有时无毛。总状花序；花序轴被曲柔毛或棒头状腺毛，或近无毛；萼片绿白色；花瓣白色。果实坚果状，倒卵状球形，长 2.5～3mm，密被钩状毛。花果期 7—11 月。

生境与分布　见于余姚、北仑、鄞州、奉化、宁海；生于溪边林下。产于杭州、丽水及文成、江山、义乌、天台等地；分布于华东、华中、华南、西南及河北、辽宁；东北亚、东南亚及印度也有。

主要用途　全草入药，具清热解毒、理气止血、生肌杀虫之功效。

292 柳叶菜

学名 **Epilobium hirsutum** Linn.　　属名 柳叶菜属

形态特征　多年生草本，高 50～120cm。茎密被白色开展长柔毛及短腺毛。单叶对生，茎上部叶互生；叶片长椭圆形至椭圆状披针形，(2.5～)4～7cm×0.5～2cm，先端尖，基部渐狭而微抱茎，边缘具细锯齿，两面被长柔毛；无叶柄。花单生于上部叶腋；花瓣粉红色或紫红色，长 10～12mm；柱头 4 裂。蒴果圆柱形，长 4～6cm，被短腺毛。种子长约 1mm。花果期 4—11 月。

生境与分布　见于慈溪、余姚、奉化、宁海及市区；生于灌丛、沟谷、路旁。产于全省平原、山麓；分布于我国温带至热带；欧亚大陆与非洲北部也有。

主要用途　嫩苗、嫩叶可作野菜；全草入药，具消炎止痛、祛风除湿、活血止血、生肌之功效。

293 长籽柳叶菜

学名 **Epilobium pyrricholophum** Franch. et Sav. 属名 柳叶菜属

形态特征 多年生草本，高30～70cm。茎带淡紫色，下部匍匐，节上多生不定根，上部直立，被弯曲短柔毛。单叶对生，茎上部叶互生；叶片卵形至卵状披针形，1.5～4cm×0.4～1.5cm，先端钝尖，基部圆形或浅心形，边缘具不整齐疏齿及短曲柔毛，上面及两面叶脉被短腺毛；叶柄极短而微抱茎。花单生于上部叶腋；花瓣淡紫红色，长4～8mm；柱头不裂。蒴果圆柱形或近四棱柱形，长4～6cm，被短腺毛。种子长约1.5mm。花果期8—10月。

生境与分布 见于北仑、奉化、宁海、象山；生于山涧、沟谷、低洼地。产于建德、临安、龙泉等地；分布于华东、华中及广东、广西、四川、贵州；朝鲜半岛及日本也有。

主要用途 全草入药。

294 山桃草

学名 **Gaura lindheimeri** Engelm. et A. Gray　属名 山桃草属

形态特征 二年生草本，高约1m。全株具粗毛。茎直立，上部分枝。单叶互生；叶片披针形或匙形，3.5～8cm×0.5～1(～2)cm，先端渐尖或钝尖，基部渐狭，边缘具微波状齿；无叶柄。穗状花序顶生和腋生，疏松，花期伸长；花瓣白色，稍带淡红色。蒴果坚果状，长球形，长约9mm，具4棱脊和4条纹。花期7—8月，果期8—9月。

生境与分布 原产于北美洲。全市各地有栽培。

主要用途 白花繁茂，供园林观赏。

附种 **紫叶山桃草'Crimson Bunerny'**，叶片紫色；花深粉红色。鄞州有栽培。

紫叶山桃草

295 丁香蓼 假柳叶菜

学名 **Ludwigia epilobioides** Maxim.　属名 丁香蓼属

形态特征　一年生草本，高 20～100cm。茎近直立或下部斜升，分枝多，有纵棱，略带红紫色。单叶互生；叶片披针形或长圆状披针形，2～8cm×0.4～2cm，先端渐尖，基部楔形，无毛或脉上被少数柔毛。花单生；花瓣 4，黄色，雄蕊与萼片同数。蒴果四棱柱形，长 1.5～3cm，褐色，稍带紫色，无毛。花期 8—9 月，果期 9—10 月。

生境与分布　见于全市各地；生于山麓、水田、河滩、溪谷、路边等湿地。产于全省各地；分布于华东、华中、华南、西南、华北、东北；东南亚、南亚及日本也有。

主要用途　全草入药，具利尿消肿、清热解毒之功效。

附种　**细果草龙 *L. leptocarpa***，半灌木状草本；全株疏被柔毛；叶片披针形或条状披针形；花瓣通常 5；雄蕊数为萼片的 2 倍；蒴果圆柱形。归化种。原产于美洲等地；鄞州有逸生；生于平地荒草丛中。

细果草龙

296 卵叶丁香蓼

学名 **Ludwigia ovalis** Miq. 属名 丁香蓼属

形态特征 一年生草本。茎柔弱而匍匐，节上生根。茎、叶无毛。单叶互生；叶片宽卵形至卵圆形，1～2.5cm×1～1.5cm，全缘。花单生于叶腋，黄绿色，几无梗；花瓣缺如。蒴果四角状椭球形，长4～5mm，具4棱脊，果皮木栓质。花果期7—9月。

生境与分布 见于全市各地；生于湿地。产于杭州及嵊州、遂昌等地；分布于华东及湖南等地；日本也有。

297 黄花水龙

学名 **Ludwigia peploides** (Kunth) Raven subsp. **stipulacea** (Ohwi) Raven 属名 丁香蓼属

形态特征　多年生浮水草本。浮水茎长达3m，节上生根，直立茎高达60cm，无毛。单叶互生；叶片长圆形，2.5～9cm×1～2.5cm，先端锐尖，基部渐狭成柄；托叶大而明显。花单生于叶腋；花瓣5，亮黄色，基部常有深色斑点。蒴果圆柱形，长1～2.5cm，有10棱脊，果皮厚。花果期5—8月。

生境与分布　见于全市各地；生于池塘、水田、沟边等湿地。产于杭州、温州、嘉兴及天台等地；分布于华东及广东、四川等地；日本也有。

主要用途　全草入药，具清热解毒、利湿消肿之功效；供水体绿化。

298 月见草

学名 **Oenothera biennis** Linn.　属名 月见草属

形态特征 宿根草本，高60～80cm。根木质化，全株有毛。单叶互生；基生叶倒披针形；茎下部叶长圆状披针形，15cm×1～3cm；茎上部叶椭圆形、长圆状卵形至长圆状披针形，长2.5～7.5cm，先端渐尖，基部渐狭成圆楔形，边缘有不明显疏锯齿。花单生于枝上部叶腋，密集成穗状，夜间开放；花大，花瓣黄色。蒴果圆柱形，长1.5～2.5cm，下部较粗大，向上变狭，具8条纵棱。花果期4—10月。

生境与分布 归化种。原产于北美洲。鄞州有逸生；常生于平原及坡地荒草丛中。

主要用途 花大而美丽，供观赏；种子含油量达25.1%，具开发前景；根入药，具清热解毒之功效。

299 裂叶月见草

学名 **Oenothera laciniata** Hill　　属名 月见草属

形态特征　宿根草本。茎直立至斜升，长 10～50cm，被曲柔毛，有时混生长柔毛，茎上部常混生腺毛。叶片、苞片、花瓣均被曲柔毛及长柔毛，常混生腺毛。基生叶条状倒披针形，5～15cm×1～2.5cm，下部羽状深裂；茎生叶狭倒卵形或狭椭圆形，4～10cm×0.7～3cm，下部常羽状裂；苞片叶状。花序穗状，顶生；花瓣淡黄色至黄色。蒴果圆柱状，长 2.5～5cm。花期 6—9 月，果期 7—11 月。

生境与分布　归化种。原产于美国。慈溪、北仑、鄞州、奉化、宁海、象山等地有逸生；生于向阳荒坡、田园、路边。

主要用途　花美丽，供观赏。

300 美丽月见草

学名 **Oenothera speciosa** Nutt. 属名 月见草属

形态特征 多年生草本，茎高30～55cm。具粗大主根。茎、叶被曲柔毛。单叶互生；基生叶倒披针形，不规则羽状深裂下延至柄，开花时枯萎；茎生叶灰绿色，披针形或长圆状卵形，3～6cm×1～2.2cm，下部叶先端钝尖，中上部叶锐尖至渐尖，基部宽楔形并骤缩下延至柄，边缘具齿突。花单生；花瓣粉红色至紫红色，具紫色脉纹。蒴果棒状，长8～10mm。花期4—10月，果期9—12月。

生境与分布 原产于南美洲。全市各地有栽培。

主要用途 花色美丽，作地被观赏。

五十　小二仙草科 Haloragidaceae*

301 小二仙草

学名 **Gonocarpus micranthus** Thunb.　属名 小二仙草属

形态特征　多年生草本，高10～30cm。全体无毛。茎纤细，具4棱，基部平卧，常分枝。单叶对生，上部者互生；叶片卵形或宽卵形，4～12mm×2～8mm，先端急尖或稍钝，基部圆形，边缘具软骨质锯齿。纤细总状花序组成顶生圆锥花序；花小，花瓣淡红色。坚果近球形，直径约1mm。花期6—7月，果期7—8月。

生境与分布　见于全市各地；生于荒山路边、草丛中、山顶岩缝间。产于全省各地；分布于长江以南地区；东南亚、朝鲜半岛及日本、印度、澳大利亚、新西兰等地也有。

主要用途　全草入药，具清热解毒、利水除湿、散淤消肿之功效。

* 本科宁波有2属4种，其中归化1种。本图鉴全部收录。

302 粉绿狐尾藻

学名 **Myriophyllum aquaticum** (Vell.) Verdc.　　属名 狐尾藻属

形态特征　多年生水生草本。下部为水中茎，多分枝，上部为挺水茎叶，匍匐在水面上。5～7叶轮生，叶片羽状分裂；挺水叶裂片针状，绿白色；沉水叶丝状，朱红色。穗状花序顶生，花序上半部为雄花，下半部为雌花；花红色，小。核果坚果状，具4凹沟。花期4—9月。

生境与分布　归化种。原产于南美洲亚马孙河流域。鄞州有归化；生于水塘、河沟中。全市各地有栽培。

主要用途　供水面绿化观赏；又可作为水体净化植物；可用作猪、鱼饲料。繁殖迅速，在一些地区已成为有害生物。

303 穗花狐尾藻 穗状狐尾藻

学名 **Myriophyllum spicatum** Linn. 属名 狐尾藻属

形态特征 多年生沉水草本。茎多分枝。4～5叶轮生；叶片羽状全裂，裂片10～15对，丝状，长1～1.5cm；叶柄极短或无。穗状花序顶生或腋生，近裸秃，长6～10cm，花常4朵轮生；雄花：生于花序上部，花瓣4，宽匙形，长约2mm，淡粉色，早落；雌花：生于花序下部，花瓣缺或不明显而早落。果卵球形，直径1.5～3mm，有4条纵沟，熟时分离成4分果。花期4—7月，果期7—10月。

生境与分布 见于全市各地；生于池塘、河沟、沼泽、水田中。产于全省各地；分布我国南北各地；世界各地也有。

主要用途 全草入药，具清凉、解毒、止痢之功效；可作猪、鱼、鸭饲料。

304 轮叶狐尾藻

学名 **Myriophyllum verticillatum** Linn.　属名 狐尾藻属

形态特征　多年生水生草本。茎多分枝。通常4叶轮生；叶片羽状全裂，裂片8～13对；沉水叶较长，裂片丝状，长1～1.5cm；挺水叶较小，裂片狭条形，长5～6mm。花单生于挺水叶叶腋，每轮具4花；雄花生于上部；雌花生于下部，花瓣4，白色或带绿色，舟状，早落。果卵球形，长约2.5mm，具4条纵沟，熟时分离成4分果。花期5—7月，果期7—8月。

生境与分布　见于慈溪、余姚、北仑、鄞州、宁海、象山；生于池塘、湖泊或水沟中。产于全省各地；全国广布；北半球各地也有。

主要用途　全草入药，具清热之功效；可作猪、鱼、鸭饲料。

五十一　五加科 Araliaceae*

305 楤茎楤木 刺桐棍

学名 **Aralia echinocaulis** Hand.-Mazz.　**属名** 楤木属

形态特征　落叶灌木或小乔木，高2～7m。小枝及茎干密生红棕色细长直刺。二回羽状复叶互生；叶轴和花序轴无刺及刺毛；小叶片长圆状卵形至披针形，5～9(～14)cm×2.5～4.6(～6)cm，两面无毛，背面灰白色，边缘疏生细锯齿，中脉及侧脉在背面常带紫红色；托叶与叶柄基部合生。伞形花序直径1～3cm，组成顶生大型圆锥花序；主轴与分枝常带紫褐色，被脱落性糠屑状毛；花梗长0.5～3cm；苞片长10mm；花瓣白色。果球形，具5棱，熟时紫黑色。花期6—7月，果期8—9月。

生境与分布　见于慈溪、余姚、北仑、鄞州、奉化、宁海、象山等地丘陵区；生于山坡疏林或山谷灌丛中。产于杭州、温州、台州、丽水及兰溪、开化等地；分布于长江以南地区。

主要用途　嫩芽叶、根皮可食；根皮入药，具活血破淤、祛风行气、清热解毒之功效；茎干奇特，花序、果序硕大，秋叶转色，供观赏。

* 本科宁波有9属13种3变种1品种，其中栽培4种1杂交种1品种。本图鉴全部收录。

306 楤木 鸟不宿

学名 **Aralia elata** (Miq.) Seem. 属名 楤木属

形态特征 落叶小乔木或灌木，高 2～8m。树皮疏生灰白色粗短刺。小枝、叶背、叶轴、羽片轴、花序被黄棕色茸毛，疏生细刺。二回羽状复叶互生；小叶片卵形至长圆状卵形，8～13cm×3～6cm，上面粗糙，脉上密生细糙毛，边缘具细锯齿。伞形花序直径 1.5cm，组成顶生大型圆锥花序，主轴与分枝常带紫红色；花梗长 2～4mm；苞片长 2～3mm，有纤毛；花白色。果球形，具 5 棱，熟时黑色。花期 6—8 月，果期 9—10 月。

生境与分布 见于全市丘陵山地；生于山坡、山谷疏林中、林缘、灌丛中或空旷地；产于全市山区、半山区；分布于华东、华南、西南、华北等地。

主要用途 嫩芽叶可食；根、根皮、干、枝、叶、韧皮部入药。

307 树参

学名 **Dendropanax dentigerus** (Harms) Merr.　属名 树参属

形态特征　常绿小乔木或灌木，高2.5～10m。单叶互生；叶二型，不分裂或掌状分裂；不裂的叶片椭圆形、卵状椭圆形至椭圆状披针形，6～11cm×1.5～6.5cm，先端渐尖，基部圆形至楔形，基出3脉明显，网状脉在两面明显隆起；分裂的叶片倒三角形，掌状2～5深裂或浅裂，裂片边缘全缘或疏生锯齿。伞形花序或复伞形花序；花淡绿色。果长球形或倒卵状椭球形，长4～12mm，具5棱，每棱有纵脊3条，熟时紫黑色。花期7—8月，果期9—10月。

生境与分布　见于余姚、北仑、鄞州、奉化、宁海、象山；生于海拔200m以上的山谷溪边或山坡林中、林缘。除浙北平原外，产于全省各地；分布于长江以南地区。

主要用途　叶色浓绿，叶形奇特，四季常青，供绿化观赏；根、枝、叶入药，具祛风除湿、舒筋活血之功效；嫩茎、嫩叶可作野菜。

308 毛梗糙叶五加

学名 **Eleutherococcus henryi** (Oliv.) Harms var. **faberi** (Harms) S. Y. Hu 属名 五加属

形态特征 落叶灌木，高 1～3m。枝疏生略下弯粗刺。掌状复叶互生；小叶 5，稀 3；小叶片椭圆形或倒披针形，5～12cm×3～6cm，先端急尖或渐尖，基部楔形，边缘中部或 1/3 以上具明显锯齿，上面粗糙，脉上散生小刺毛，下面无毛。伞形花序数个簇生于枝顶，花梗通常密生短柔毛；子房常 3 室；宿存花柱有时微裂。果椭球形，熟时黑色。花期 7—8 月，果期 9—10 月。

生境与分布 见于余姚、北仑、鄞州；生于高海拔山坡林中或路旁灌丛中。产于临安等地；分布于安徽、陕西等地。模式标本采自宁波。

主要用途 根皮入药，具祛风湿、壮筋骨、活血祛淤之功效；嫩茎、嫩叶可食。

附种 **糙叶五加** ***E. henryi***，小叶片下面脉上被棕黄色短柔毛；花梗与总花梗连接处具淡黄色簇毛；子房 5 室；花柱合生。余姚有栽培。

糙叶五加

309 细柱五加 五加

学名 **Eleutherococcus nodiflorus** (Dunn) S. Y. Hu　**属名** 五加属

形态特征　落叶灌木，高2～3m。枝常披散状；叶柄基部具扁平下弯刺。掌状复叶在长枝上互生，在短枝上簇生；叶柄有时具细刺；小叶5，稀3～4，中央小叶最大；小叶片倒卵形至倒披针形，3～6(～14)cm×1～2.5(～5)cm，先端急尖至短渐尖，基部楔形，边缘具细钝锯齿，两面无毛或疏生刺毛，下面脉腋簇生淡黄色柔毛。伞形花序常单生，花柱2(～3)，分离而开展。果扁球形，熟时紫黑色。花期5月，果期10月。

生境与分布　见于全市丘陵山地；生于向阳山坡、路旁灌丛中、阴坡水沟边或阔叶林中。产于全省山区、半山区；分布于长江以南地区。

主要用途　叶形奇特，适于断面、边坡覆绿及公园、庭园观赏；根皮（五加皮）入药，具祛风湿、强筋骨、益气之功效；嫩叶可食；树皮供化工用；枝叶可作生物农药。

310 匍匐五加

学名 **Eleutherococcus scandens** (G. Hoo) H. Ohashi 属名 五加属

形态特征 落叶匍匐灌木。幼枝淡黄色，老枝灰棕色，无刺。三出复叶互生；小叶3，稀2；中央小叶片卵形或卵状椭圆形，4～8cm×2.5～3.8cm，先端渐尖至尾尖，基部宽楔形，边缘有重锯齿，齿有刺尖，上面脉上疏生刚毛，下面近无毛或疏生刚毛；两侧小叶菱状卵形，基部外侧圆形，内侧歪斜；无小叶柄。伞形花序1～3，花黄绿色。果扁球形，直径8mm，熟时黑色。花期6—7月，果期10月。

生境与分布 见于余姚、鄞州；生于山谷、山坡岩旁、阔叶林中或林下阴湿处。产于临安等地；分布于安徽、江西。模式标本采自宁波（余姚四明山）。

主要用途 嫩茎、嫩叶可食。

311 白簕 三加皮

学名 **Eleutherococcus trifoliatus** (Linn.) S. Y. Hu　属名 五加属

形态特征　攀援状灌木，高1～3.5m。小枝疏生下向宽扁钩刺。掌状复叶互生；小叶3，稀4～5；中央小叶片较大，卵形、椭圆状卵形或长圆形，2～8cm×1.5～5.5cm，先端尖或短渐尖，基部宽楔形，两侧小叶基部歪斜，边缘具细齿或疏钝齿，两面无毛或沿脉疏生刺毛；小叶柄长2～8mm。伞形花序3～10或更多，组成复伞形花序或圆锥花序，花黄绿色。果扁球形，直径5mm，熟时黑色。花期9—10月，果期11—12月。

生境与分布　见于余姚、北仑、鄞州、奉化、宁海、象山；生于中高海拔山坡林下、林缘或山谷溪边。产于衢州、丽水及临安、平阳、仙居等地；分布于长江以南多数省份；东南亚及日本、印度也有。

主要用途　根、根皮、茎、叶均入药，具祛风除湿、舒筋活血、消肿解毒、理气止咳之功效；嫩茎、嫩叶可食。

312 熊掌木

学名 **Fatshedera lizei** (Hort. ex Cochet) Guillaumin　属名 熊掌木属

形态特征　常绿灌木，高达1m以上。茎初时呈草质，后逐渐木质化。单叶互生；叶片通常掌状5裂，轮廓近圆形，直径12～16cm，先端渐尖，基部心形，全缘，波状，扭曲，新叶密被茸毛，老叶浓绿而光滑；叶柄基部呈鞘状。伞形花序组成圆锥花序或总状花序；花淡绿色。花期10—12月。

生境与分布　原产于法国，由八角金盘（*Fatsia japonica*）与常春藤（*Hedera helix*）杂交而成。全市各地有栽培。

主要用途　叶色亮绿，冬叶常转紫红色，作地被植物观赏。

313 八角金盘

学名 **Fatsia japonica** (Thunb.) Decne. et Planch.　属名 八角金盘属

形态特征　常绿灌木，高达5m。茎有白色大髓心。单叶互生；叶片大，革质，掌状7～9深裂，直径(13～)20～30(～45)cm，基部心形，裂片长椭圆形，先端渐尖，凹处圆形，边缘有疏离粗锯齿，幼时叶背及叶柄被褐色茸毛，后渐脱落。伞形花序组成大型圆锥花序，顶生；花黄白色。果近球形，直径约8mm，熟时紫黑色。花期10—12月，果期次年4月。

生境与分布　原产于日本。全市各地有栽培。

主要用途　观叶植物，常作地被和鲜切叶；根、叶入药。

314 吴茱萸五加 树三加 萸叶五加

学名 **Gamblea ciliata** C. B. Clarke var. **evodiaefolia** (Franch.) C. B. Shang et al. 属名 萸叶五加属

形态特征 落叶小乔木或灌木，高达 8m。小枝暗灰色，无刺。三出复叶，在长枝上互生，在短枝上簇生；小叶 3；小叶片卵形、卵状椭圆形或长椭圆状披针形，6～9(～12)cm×2.8～6(～9)cm，先端渐尖，基部楔形，两侧小叶片基部歪斜，全缘或具细齿，下面脉腋具簇毛，后渐脱落；叶柄顶端与小叶柄相连处有锈色簇毛。伞形花序；花瓣绿色。果近球形，直径 5～7mm，具 2～4 棱。花期 5 月，果期 9 月。

生境与分布 见于余姚、北仑、鄞州、奉化、宁海；生于海拔 1000m 以下的山岗岩石上、阔叶林中或林缘。产于全省山区；分布于秦岭以南地区；越南也有。

主要用途 供园林观赏；根皮入药，具祛风利湿、强筋骨之功效；嫩茎、嫩叶可食。

315 常春藤 洋常春藤

学名 **Hedera helix** Linn.　　属名 常春藤属

形态特征　常绿攀援灌木，有时呈匍匐状。植株幼嫩部分及花序均被灰白色星状毛。单叶互生；叶二型：不育枝叶片常为3～5裂，上面叶脉带白色；能育枝叶片常为卵形、狭卵形至菱形，全缘，基部圆形或截形。伞形花序球状，常组成总状花序；花黄色。浆果圆球形，熟时黑色。花期9—12月，果期次年4—5月。

生境与分布　原产于欧洲。全市各地普遍栽培。

主要用途　供盆栽或攀援于假山、墙壁、岩石上；茎、叶入药，具祛风利湿、活血消肿之功效。

附种　**花叶常春藤 'Aureo-variegata'**，叶片有黄色或白色斑块或镶纹。全市各地有栽培。

花叶常春藤

316 中华常春藤

学名 **Hedera nepalensis** K. Koch var. **sinensis** (Tobl.) Rehd. 属名 常春藤属

形态特征 常绿木质藤本。全体无毛。嫩枝连同叶背、叶柄疏生锈色鳞片。单叶互生；叶二型：不育枝叶片三角状卵形或戟形，(2.5～)5～12cm×3～10cm，先端短渐尖或渐尖，基部截形或心形，全缘或3裂；能育枝叶片长椭圆状卵形、椭圆状披针形或披针形，先端渐尖或长渐尖，基部楔形，全缘，稀3浅裂。伞形花序或再组成总状或伞房状；花淡绿白色或淡黄白色，芳香；浆果球形，熟时橙红色或黄色。花期10—11月，果期次年3—5(—6)月。

生境与分布 见于全市丘陵山区；生于山坡、沟谷林中、林缘。产于全省各地；分布于华东、华南、西南、华北。

主要用途 叶形奇特，叶色浓绿光亮，果密集而艳丽，适于边坡、断面、石坎、乱石堆覆绿及风景区、公园、庭园垂直绿化。茎、叶供化工用；全株入药。

附种　菱叶常春藤 ***H. rhombea***，嫩枝表面有微黄色星状毛；不育枝上叶片三角形或掌状3～5浅裂，能育枝上叶片宽披针形或菱形至卵形、卵圆形；浆果成熟时黑色。见于慈溪、镇海、北仑、象山；生于大陆近海或海岛山谷、溪边林中、林缘。

菱叶常春藤

317 刺楸

学名 **Kalopanax septemlobus** (Thunb.) Koidz.　　属名 刺楸属

形态特征 落叶乔木，高 20～30m。树皮纵裂，与枝干密被粗大皮刺。幼枝常被白粉。单叶互生；叶大型；叶片近圆形，直径 10～30cm，基部心形至截形，掌状 (3～)5～9 浅裂，裂片三角状宽卵形或卵状长椭圆形，先端渐尖，边缘具细锯齿，下面疏生脱落性短柔毛，或仅脉上疏被毛。伞形花序聚生成顶生大型圆锥花序；花瓣白色或淡黄色。果球形，蓝黑色。花期 7—8(～10) 月，果期 9—12 月。

生境与分布 见于全市丘陵山区；生于山坡、山谷林中、林缘或路旁。产于杭州、绍兴、舟山、台州等地；我国除西北少数省份外均有分布；东北亚也有。

主要用途 树皮多皮刺，叶形大而奇特，秋叶转色，供山区生态林和生物防火林带营造及园林观赏；珍贵用材树种；嫩叶可食；根、根皮、树皮入药，但根皮有小毒。

318 通脱木

学名 **Tetrapanax papyrifer** (Hook.) K. Koch　属名 通脱木属

形态特征 落叶灌木，高1～3.5m。茎干、叶柄粗壮。幼枝密被星状厚茸毛，内具隔膜，老时毛渐脱落；髓心大，白色。单叶互生，常密集于茎干顶端；叶大型，(13～)18～24(～50)cm×24～36(～70)cm，基部心形，掌状5～11浅裂或中裂，每个裂片常又有2～3个小裂片，上面无毛或脉上残留星状毛，下面密被淡黄色星状毛。伞形花序排成总状，再组成大型圆锥花序；花黄白色。果小，扁球形，熟时紫黑色。花期10—11月，果期次年4—5月。

生境与分布 原产于江西、台湾、湖北、湖南、广东、广西、四川、贵州等地。奉化、宁海有栽培。

主要用途 茎髓（通草）入药，具清热、利尿、催乳、镇咳之功效；叶大，形状奇特，供观赏。

五十二 伞形科 Umbelliferae*

319 重齿当归

学名 **Angelica biserrata** (R. H. Shan et C. Q. Yuan) C. Q. Yuan et R. H. Shan 属名 当归属

形态特征 多年生草本，高 1.3～3m。根粗大，常有数个分枝，有特殊香气。茎粗 1.5cm，常带紫色，密被柔毛。复叶互生；基生叶和茎下部叶有长柄，柄粗壮，具叶鞘；叶片二至三回三出羽状分裂，有 5(～7) 裂片，最下面 1 对裂片深裂或全裂，顶生者 3 深裂，基部稍下延，末回裂片卵形、倒卵形或倒披针形，5～8cm×2～6.5cm，先端渐尖，边缘有不整齐小锯齿或重锯齿；茎上部叶简化成叶鞘。复伞形花序；伞辐 10～25；花瓣白色，萼齿不明显。果实椭球状宽卵形或椭球形，长 5～12mm，主棱丝状，侧棱具宽翅。花果期 7—10 月。

生境与分布 见于余姚、鄞州；生于林下阴湿处或溪沟边灌草丛中。产于临安、淳安、乐清、普陀等地；分布于安徽、江西、湖北、四川、陕西等地。

主要用途 根入药，具祛风祛湿、止痛之功效。

附种 杭白芷 ***A. dahurica* 'Hangbaizhi'**，根粗大，不分枝，直径 2.5～5cm，长圆锥形，上部近 4 棱形，具皮孔样横向突起；茎粗 2～3cm；基生叶一回羽状分裂，茎生叶二至三回羽状分裂，边缘具不整齐尖锯齿；果实长 4～7mm，背腹扁压。北仑、奉化有栽培。

---

* 本科宁波有 23 属 39 种 2 变种 1 变型 1 品种，其中栽培 4 种 1 变种 1 品种，归化 1 种。本图鉴收录 23 属 38 种 2 变种 1 变型 1 品种，其中栽培 4 种 1 变种 1 品种，归化 1 种。

杭白芷

320 紫花前胡

学名 **Angelica decursiva** (Miq.) Franch. et Sav. 属名 当归属

形态特征 多年生草本，高 1～2m。根圆锥状，有少数分枝，具浓香。茎单一，常紫色，具纵沟纹。复叶互生；基生叶和茎下部叶有长柄，叶鞘圆形，抱茎，紫色，一回 3 全裂或一至二回羽状分裂，末回裂片长圆状卵形或长椭圆形，长 5～11cm；茎上部叶简化成囊状紫色叶鞘。复伞形花序；伞辐 8～20；花深紫色，有萼齿。果实椭球形，背腹压扁，长 4～7mm，侧棱具狭翅。花期 8—9 月，果期 9—11 月。

生境与分布 见于除江北外的全市丘陵山地；生于山坡林下、林缘、溪旁或路边湿润处。产于全省山区、半山区；分布于华东、华中、华南、华北、东北及四川、陕西等地；东北亚也有。

主要用途 根入药，具解表止咳、活血调经之功效；果实可提制芳香油；幼苗可作野菜。

321 峨参

学名 **Anthriscus sylvestris** (Linn.) Hoffm.　属名 峨参属

形态特征　二年生或多年生草本，高0.6～1.5m。茎较粗壮，多分枝，近无毛或下部有细柔毛。复叶互生；基生叶有长柄，基部有鞘；叶片二至三回羽状分裂，末回裂片卵形或椭圆状卵形，1～3cm×0.5～1.5cm，有粗锯齿；茎上部叶有短柄或无柄，基部呈鞘状，有时有缘毛。复伞形花序；花白色，带绿色。果实长卵形至条状椭球形，长6～10mm。花果期4—6月。

生境与分布　见于慈溪、余姚、北仑、鄞州、奉化、宁海、象山；生于山坡林下、山谷溪边或路旁。产于杭州及安吉等地；分布于华东、华中、西南、西北、华北及辽宁等地；欧洲、北美洲也有。

主要用途　根、叶入药，具补中益气、祛淤生新之功效；嫩茎、嫩叶可食。

322 芹菜 旱芹

学名 **Apium graveolens** Linn.　　属名 旱芹属

形态特征　二年生草本，高15～80cm。有强烈香气。茎直立，光滑，有棱角和直槽。复叶互生；基生叶有较长柄，基部略扩大成膜质叶鞘；茎生叶叶柄渐短，基部狭鞘状抱茎；叶片通常3中裂或全裂，裂片近菱形，中上部边缘具缺刻状圆锯齿和锯齿；上部叶简化，柄完全成鞘状。复伞形花序；伞辐4～15；花瓣白色或黄绿色。果实近球形或长椭球形，长约1.5mm，果棱尖锐。花期4—7月，果期7—8月。

生境与分布　原产于欧洲、西亚等地。全市各地有栽培。

主要用途　作蔬菜；茎、根入药，具降压利尿、凉血止血之功效；果实可提取芳香油。

323 南方大叶柴胡

学名 **Bupleurum longiradiatum** Turcz. form. **australe** Shan et. Y. Li　**属名** 柴胡属

形态特征　多年生草本，高80～120cm。根茎质坚，黄褐色，密生多数环节，节上多须根。茎单一，有粗纵棱，上部多分枝。单叶互生；基生叶、茎下部叶均抱茎，中部以上叶不抱茎；叶大型，稍稀疏。基生叶长圆状卵形至椭圆状披针形，基部圆楔形，叶柄带翅状；茎下部叶叶柄较短；茎中部叶卵形、椭圆形至匙状椭圆形，10～20cm×3.5～6.5cm，基部楔形或圆楔形，无柄；茎上部叶渐小。复伞形花序多数；花瓣黄色，中脉带紫色；花柱很长。果实长球形，长5～8mm，分生果镰状弯曲。花期7—9月，果期9—11月。

生境与分布　见于余姚、北仑、鄞州、奉化、宁海；生于山坡草丛、林缘。产于台州、丽水及临安、乐清、安吉、开化等地；分布于安徽、江西等地。

主要用途　嫩茎、嫩叶可食。

附种　**北柴胡** ***B. chinense***，基生叶倒披针形或狭椭圆形，基部收缩成柄；茎中部叶剑形、倒披针形或长圆状披针形；花柱极短；果卵形或长球形，长2～3mm。见于余姚、鄞州；生于向阳山坡路边或草丛中。

北柴胡

324 积雪草

学名 **Centella asiatica** (Linn.) Urban　属名 积雪草属

形态特征　多年生草本。茎匍匐，细长，节上生根。叶片圆形、肾形或马蹄形，1.5～4cm×1.5～5cm，基部宽心形，边缘有钝锯齿，掌状脉5～7；叶鞘膜质，透明。单伞形花序的总花梗2～4个聚生于叶腋；每一伞形花序有花3～4，聚集呈头状；花瓣白色或紫红色。果实圆球形，两侧扁压，长2.5～3mm，具纵棱与网纹。花果期4—11月。

生境与分布　见于全市各地；生于阴湿的山麓、山谷、草地或水沟边。产于全省各地；分布于长江以南地区；全球热带、亚热带地区也有。

主要用途　全草入药，具清热解毒、利尿除湿、活血破淤之功效。

325 明党参

学名 **Changium smyrnioides** Wolff　属名 明党参属

形态特征　多年生草本，高 50～100cm。全体无毛，具白霜。主根纺锤形或长圆柱形。茎具细纵条纹。复叶互生；基生叶有长柄，叶片二至三回三出羽状全裂，末回裂片长圆状披针形，2～4mm×1～2mm；茎上部叶缩小呈鳞片状或鞘状。复伞形花序；伞辐 4～10；侧生花序多数不育；花瓣白色，有紫色中脉。果实卵球形至卵状长球形，长 2～3mm。花期 4—5 月，果期 5—6 月。

生境与分布　见于奉化；生于山地土壤肥厚的疏林下或岩石缝隙中。产于全省山区、半山区；分布于江苏、安徽、江西、湖北、四川。

主要用途　著名中药材，根入药，具清肺化痰、平肝和胃、解毒之功效；嫩茎、嫩叶、肉质根可食。

326 蛇床

学名 **Cnidium monnieri** (Linn.) Cuss.　　属名 蛇床属

形态特征 一年生草本，高 12～60cm。根圆锥状，细长。茎直立，多分枝，具棱，粗糙。复叶互生；下部叶具短柄，中上部叶叶柄全部鞘状；叶片二至三回三出羽状全裂，末回裂片条形或条状披针形，3～10mm×1～2mm，具小尖头。复伞形花序；伞辐 8～20，不等长，棱上粗糙；萼齿无；花瓣白色。果实椭球形，长约 2mm，果棱宽翅状，分生果横剖面近五角形。花期 4—7 月，果期 5—10 月。

生境与分布 见于全市各地；生于田边、路旁、草地、河边湿地。产于全省山区、半山区；分布几遍全国；朝鲜半岛、北美洲、欧洲及越南也有。

主要用途 果实（蛇床子）入药，具燥湿、杀虫止痒、壮阳之功效；嫩茎、嫩叶可食。

327 芫荽 香菜

学名 **Coriandrum sativum** Linn. 属名 芫荽属

形态特征 一年生或二年生草本，高20～100cm。全体无毛，有强烈气味。根纺锤形，细长。茎圆柱形，多分枝。复叶互生；基生叶及下部茎生叶有柄，叶片一至二回羽状全裂；中部及上部茎生叶二至三回羽状分裂；末回裂片条形，5～10mm×0.5～1.5mm，先端钝，全缘。伞形花序顶生或与叶对生；伞辐3～7；花瓣白色，有3条紫色脉。果实圆球形，主棱与次棱明显。花果期4—11月。

生境与分布 原产于意大利。全市各地有栽培。

主要用途 嫩叶作蔬菜或香料；果实、全草入药，具发表透疹、温胃消食之功效；果实可提取芳香油。

328 鸭儿芹

学名 **Cryptotaenia japonica** Hassk.　　属名 鸭儿芹属

形态特征　多年生草本，高 20～100cm。茎略带淡紫色。复叶互生；叶片三出分裂，裂片近等大；基生叶和下部叶有长柄，叶鞘边缘膜质，中间裂片菱状倒卵形或宽卵形，2～12cm×1.2～7cm，先端急尖，基部楔形，具不规则锐尖锯齿或重锯齿，两侧裂片斜卵形；中上部叶叶柄渐短直至成鞘状，裂片披针形。复伞形花序呈圆锥状；伞辐 2～3，不等长；花瓣白色。果实长球形，长 4～6mm。花期 4—5 月，果期 6—10 月。

生境与分布　见于全市各地；生于林下较阴湿处。产于全省山区、半山区；分布于全国大部分省份；东北亚也有。

主要用途　全草入药，具活血祛淤、镇痛止痒之功效；嫩茎、嫩叶作蔬菜食用。

329 细叶旱芹

学名 **Cyclospermum leptophyllum** (Pers.) Sprague ex Britt. et Wils. 属名 细叶旱芹属

形态特征 一年生草本，高 20～45cm。复叶互生；基生叶有柄，基部边缘略扩大成膜质叶鞘，三至四回羽状多裂，裂片线形至丝状；茎生叶通常三出羽状多裂，末回裂片线形，长 5～15mm。复伞形花序；伞辐 2～3(～5)；花瓣白色、绿白色或略带粉红色。果实圆心形或圆卵形，长 1.5～2mm，果棱圆钝。花期 4—5 月，果期 6—7 月。

生境与分布 归化种。原产于南美洲。全市各地有逸生；生于杂草地、水沟边。

330 野胡萝卜

学名 **Daucus carota** Linn.　　属名 胡萝卜属

形态特征　二年生草本，高 20～120cm。全体有白色粗硬毛。根细圆锥形，近白色或淡黄色。茎单生，具纵棱。复叶互生；基生叶具长柄，叶片二至三回羽状全裂，末回裂片条形至披针形，2～15mm×0.8～4mm；茎生叶叶柄短，向上全部为叶鞘，叶片简化，最终裂片较细长。复伞形花序具长总花梗；伞辐多数；花白色或淡紫色。果实长球形或椭球形，长 3～4mm，具刚毛和短钩刺。花期 5—8 月，果期 7—9 月。

生境与分布　见于全市各地；生于山坡、溪边、河岸、路旁、旷野或田间。产于全省各地；广布于全国；亚洲西南部、北非及欧洲也有。

主要用途　果实入药，具杀虫消积之功效；可提取芳香油。

附种　**胡萝卜** var. ***sativa***，根粗大，肥厚肉质，倒圆锥形、纺锤形或近圆柱形，直径 2～5cm，淡黄色、黄色或橙红色；花期 4—6 月，果期 6—7 月。原产于亚洲、欧洲与北非。全市各地有栽培。

胡萝卜

331 茴香

学名 **Foeniculum vulgare** Mill.　　属名 茴香属

形态特征　多年生草本，高 0.4～2m。无毛，有粉霜。茎多分枝，具细纵纹。复叶互生；基生叶和茎下部叶具长柄，中部和上部叶叶柄渐短至全部鞘状，叶鞘边缘膜质；叶片三至四（或五）回羽状全裂，末回裂片线形，1～4cm×0.5～1mm。复伞形花序；伞辐 6～27；无萼齿；花瓣黄色。果实长球形，长 4～6mm。花期 5—6 月，果期 7—9 月。

生境与分布　原产于地中海地区。全市各地有栽培。

主要用途　嫩叶作蔬菜食用或调味用；果（小茴香）入药，具理气止痛、调中和胃、祛风散寒之功效。

332 珊瑚菜

学名 **Glehnia littoralis** Fr. Schmidt ex Miq. 属名 珊瑚菜属

形态特征 多年生草本，高 5～20cm。全株被白色柔毛。根细长圆柱形，肉质。复叶互生；基生叶有长柄，叶片三出分裂或二至三回羽状深裂，末回裂片倒卵形或倒卵状椭圆形，1～5.5cm×1～3cm，先端钝圆，具略不整齐圆锯齿，齿缘白色软骨质，齿先端芒尖状；茎生叶叶柄基部膨大成鞘状，抱茎。复伞形花序顶生；伞辐 8～16；花瓣白色或带紫堇色。果实倒卵形，长 6～8mm，果棱翅状。花期 5—6 月，果期 7—8 月。

生境与分布 见于象山；生于海边沙地。产于平阳、普陀、嵊泗等地；分布于我国东部、南部沿海地区；东北亚也有。

主要用途 国家Ⅱ级重点保护野生植物。根（北沙参）入药，具养阴清肺、镇咳祛痰之功效；供沙滩绿化观赏；嫩茎、嫩叶可食。

333 短毛独活

学名 **Heracleum moellendorffii** Hance　**属名** 独活属

形态特征　多年生草本，高 1～2m。全体具柔毛。根圆锥形，粗大，多分枝。茎有棱槽。复叶互生；基生叶有长柄，叶片三出羽状全裂，裂片 5～7，宽卵形至近圆形，5～15cm×7～10cm，不规则 3～5 浅裂至深裂，边缘具尖锐粗大锯齿；茎上部叶有膨大叶鞘。复伞形花序；总苞片 5；伞辐 12～35；花瓣白色。分生果长球状倒卵形，扁平，长 6～8mm。花期 4—5 月，果期 6—7 月。

生境与分布　见于余姚、鄞州、奉化、宁海、象山；生于山坡林下。产于临安等地；分布于东北及江苏、山东、江西、四川、陕西、内蒙古、河北等地。

主要用途　根入药，具祛风散寒之功效；叶大，供绿化观赏；嫩叶可食。

334 红马蹄草

学名 **Hydrocotyle nepalensis** Hook. 属名 天胡荽属

形态特征 多年生草本，高5～30cm。茎匍匐，分枝斜上，节上生根。单叶互生；叶片肾形或近圆形，2～6cm×2.5～8cm，基部心形，边缘5～9浅裂，有钝锯齿，叶脉掌状，两面疏生短柔毛。伞形花序数个簇生于叶腋和茎顶；总花梗短于叶柄，被短硬毛；小伞形花序具20～50花，密集成头状花序；花瓣白色。果近球形，长1～1.2mm，有紫色斑点。花果期5—11月。

生境与分布 见于鄞州、宁海；生于山坡、路旁阴湿地、溪沟边草丛中。产于临安、平阳、天台、龙泉、云和等地；分布于长江以南地区；马来西亚、印度尼西亚、印度也有。

主要用途 全草入药，具清肺止咳、活血止血之功效；嫩茎、嫩叶可食。

335 天胡荽

学名 **Hydrocotyle sibthorpioides** Lam.　　属名 天胡荽属

形态特征　多年生草本。茎细长而匍匐，节上生根。单叶互生；叶片圆形或肾圆形，0.5～2cm×0.5～2.5cm，基部心形，常5浅裂，每裂片再2～3浅裂，边缘有圆钝齿。伞形花序双生于茎顶或单生于节上；总花梗纤细；小伞形花序具5～18花；花瓣绿白色。果实近心状球形，长1～1.2mm，成熟时有紫色斑点。花期4—5月，果期9—10月。

生境与分布　见于全市各地；生于湿润林下、河沟边、路旁。产于全省各地；分布于长江以南地区；朝鲜半岛、东南亚及日本、印度也有。

主要用途　全草入药，具清热、利尿、消肿、解毒之功效；嫩茎、嫩叶可食。

附种　破铜钱 var. ***batrachium***，叶片3～5深裂几达基部，侧面裂片有一侧或两侧仅裂达基部1/3处，裂片楔形。分布与生境同原种。

破铜钱

336 香菇草 钱币草 南美天胡荽

学名 **Hydrocotyle vulgaris** Linn.　　属名 天胡荽属

形态特征　多年生草本，高 5～15cm。根状茎匍匐，节上常生根。单叶，每节常具叶 2～3；叶片圆盾形，直径 2～6(～8)cm，边缘具宽平圆齿或呈浅裂状，辐射状叶脉 8～15 条；叶柄盾状着生于叶片中央。穗状轮伞花序；花白色，在花序轴上间断性轮生，每轮具 2～7 花。果近球形，长约 2mm。花果期 6—10 月。

生境与分布　原产于欧洲、美洲。全市各地常栽培。

主要用途　挺水或湿生观赏植物；嫩茎、嫩叶可食。有侵染性，具引种风险。

337 藁本

学名 **Ligusticum sinense** Oliv.　　属名 藁本属

形态特征 多年生草本，高达1m。植株无毛。根状茎呈不规则团块状，具浓香，味辛麻；茎基部有时带紫红色。复叶互生；基生叶和茎下部叶具长柄，二回羽状全裂，末回裂片卵形，2.5～5cm×1.5～3cm，上面脉上粗糙，边缘齿裂或不整齐羽状深裂，具小尖头，先端小裂片渐尖至尾尖；茎中部叶较大，上部叶简化。复伞形花序；伞辐14～28；花瓣白色。果成熟时长球状卵形，背腹扁压，长约4mm。花期8—10月，果期9—12月。

生境与分布 见于慈溪、北仑、奉化；生于海拔200m以上的林下、沟边草丛中。产于杭州、温州、台州、丽水及德清、东阳、开化、嵊州等地；分布于华中及江西、内蒙古、四川、甘肃、陕西等地。

主要用途 根、根状茎入药，具发散风寒、祛湿止痛之功效；嫩叶可食。

338 白苞芹

学名 **Nothosmyrnium japonicum** Miq. 属名 白苞芹属（紫茎芹属）

形态特征 多年生草本，高 0.5～1.2m。全体疏被细柔毛。茎青紫色，有纵纹。复叶互生；基生叶具长柄，二回羽状分裂，一回羽片有柄，二回羽片有或无柄；小叶片卵形或椭圆状长圆形，2～8cm×2～4cm，顶生小叶不裂或3裂，边缘具锯齿；茎生叶向上叶叶柄渐短，裂片渐小，有鞘。复伞形花序；总苞片显著，1～4，披针形或卵形；伞辐 7～12；花白色。果实卵球形，长 2～3mm，两侧压扁。花期 8—9 月。果期 10 月。

生境与分布 见于慈溪、余姚、北仑、鄞州、奉化、宁海、象山；生于山坡林下阴湿处或沟谷边。产于杭州、温州、台州、丽水及江山、嵊州等地；分布于长江以南地区。

主要用途 根入药，具镇静止痛之功效；全草可提取芳香油；根、嫩茎、嫩叶可食。

339 水芹 野芹菜

学名 **Oenanthe javanica** (Bl.) DC.　**属名** 水芹属

形态特征 多年生草本，高15～80cm。茎直立或基部匍匐，下部节上生根。复叶互生；基生叶有长柄，基部成叶鞘，叶片一至二回羽状分裂，末回裂片披针形、卵形至菱状披针形，1～4cm×0.8～2cm，先端渐尖，边缘有不整齐牙齿或锯齿；茎上部叶叶柄渐短成鞘，裂片较小。复伞形花序；伞辐6～16，不等长；花瓣白色。果实椭球形或筒状长球形，长2.5～3mm。花果期5—9月。

生境与分布 见于全市各地；生于低洼地、池沼、水沟旁。产于全省各地；分布于全国各地；东南亚及印度也有。

主要用途 茎、叶可作蔬菜食用；全草入药，具清热解毒、凉血降压之功效。

340 线叶水芹 中华水芹

学名 **Oenanthe linearis** Wall. ex DC.　　属名 水芹属

形态特征　多年生草本，高30～60cm。光滑无毛。茎直立，下部节上生根。复叶互生；基生叶及茎下部叶二回羽状分裂，末回裂片楔状披针形至条状披针形，1～3cm×0.2～1cm，边缘分裂；茎上部叶一至二回羽状分裂，末回裂片条形，1～4cm×0.1～0.2cm，基部楔形，顶端渐尖，全缘。复伞形花序；伞辐6～12；花瓣白色。果实近四方状椭球形或球形，长2mm。花果期5—10月。

生境与分布　见于北仑、鄞州；生于山坡林下、溪边潮湿地。分布于西南地区；东南亚至南亚也有。

主要用途　嫩茎、嫩叶可食；全草入药，具清热解毒、利尿消肿、止血之功效。

341 紫花山芹

学名 **Ostericum atropurpureum** G. Y. Li, G. H. Xia et W. Y. Xie 属名 山芹属

形态特征 多年生草本，高 60～100cm。根肉质，老后纤维化，具香气。茎通常 3～6 分枝，无毛。复叶互生；基生叶和茎下部叶具长柄，基部膨大成叶鞘，二回三出复叶，小叶片菱状卵形至卵形，羽状深裂；茎上部叶渐小，近无柄，具叶鞘，三出复叶。复伞形花序；伞辐 5～9；花瓣暗紫色；花柱基部深紫色至淡绿色；花丝紫色；花药深紫色。果实宽椭球形至长球形，棱脊显著。花期 8 月，果期 10—11 月。

生境与分布 见于余姚、奉化；生于山坡、山谷林下潮湿处或溪沟边。产于新昌等地。模式标本采自余姚四明山。本种为本次调查发现的植物新种。

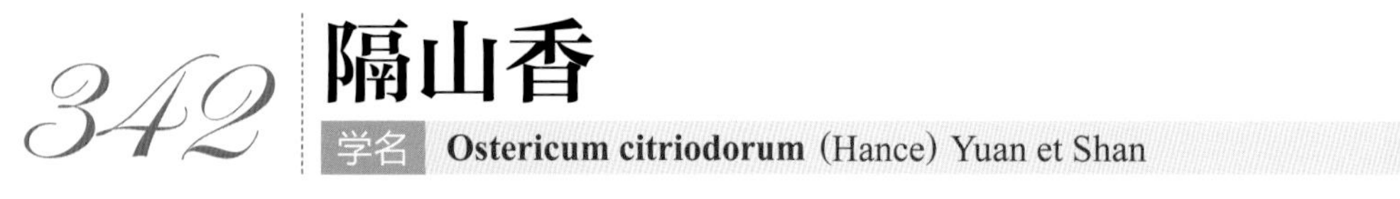

342 隔山香

学名 **Ostericum citriodorum** (Hance) Yuan et Shan　属名 山芹属

形态特征　多年生草本，高 0.2～1m。全体无毛。主根近纺锤形，茎基有纤维状叶柄残基。茎单生，上部分枝。复叶互生；具长叶柄；叶均为二回羽状分裂，基部略膨大成鞘，稍抱茎；一回羽片有较长柄，末回裂片有短柄或近无柄，小叶片长披针形至长圆状椭圆形，3～6cm×0.5～1.8cm，边缘具不明显微细锯齿。复伞形花序；伞辐 5～12；花瓣白色。果实椭球形，黄色，长 3～4mm，棱尖锐。花果期 5—9 月。

生境与分布　见于北仑、鄞州、奉化、宁海、象山等地；生于山坡灌木林下或林缘、草丛中。产于温州、丽水及桐庐、兰溪、临海等地；分布于江西、福建、湖南、广东、广西等地。

主要用途　根入药，具疏风清热、活血化淤、行气止痛之功效；枝叶清秀，供观赏；嫩叶可食。

343 碎叶山芹 大齿当归 大齿山芹

学名 **Ostericum grosseserratum** (Maxim.) Kitagawa　**属名** 山芹属

形态特征　多年生草本，高达1m。根细长，纺锤状。茎具纵棱，稍分枝。复叶互生；基生叶与茎下部叶有长柄，基部狭长，膨大成鞘，抱茎，边缘白色，透明，叶片二至三回三出分裂，末回裂片宽卵形至卵状披针形，2～5cm×1.5～3cm，先端尖或渐尖，边缘具2～4缺刻和粗大牙齿；上部叶渐小，3深裂至浅裂；顶部叶简化为带小叶的条状披针形叶鞘。复伞形花序；伞辐8～17；总苞片4～6，长5～8mm；花白色。果椭球形，长4～6mm，侧棱宽翅状。花期8—9月，果期9—10月。

生境与分布　见于鄞州；生于山坡林下、林缘、灌草丛中。产于丽水及临安、淳安、泰顺、江山、天台等地；分布于华东、华北及辽宁、吉林、陕西等地；东北亚也有。

主要用途　根入药，代“独活”或“当归”；幼苗可作野菜。

附种　**华东山芹** ***O. huadongense***，末回裂片卵形至菱状卵形，边缘具圆齿；总苞片1～4，至少1枚长度在1cm以上。见于鄞州；生于山坡疏林下、林缘、溪沟边草丛中。

华东山芹

344 滨海前胡

学名 **Peucedanum japonicum** Thunb. 属名 前胡属

形态特征 多年生粗壮草本，高 1m 左右。枝、叶无毛。茎直径 1～2cm，具纵棱。复叶互生；基生叶具长柄，宽阔叶鞘抱茎，边缘耳状，膜质；叶片宽大，质厚，一至二回三出分裂，末回羽片的侧裂片卵形，中间裂片倒卵状楔形，均无柄，有 3～5 粗大钝锯齿，网脉清晰；茎生叶向上渐简化，叶柄全成鞘。伞形花序；伞辐 15～30；花瓣白色。果长卵形至椭球形，长 4～6mm。花期 5—6 月，果期 8—9 月。

生境与分布 见于慈溪、象山；生于滨海滩地或近海山地。产于温州、舟山；分布于江苏、山东、福建、台湾等近海岸地带；朝鲜半岛及日本、菲律宾等地也有。

主要用途 根入药，具消热利湿、坚骨益髓、消肿散结之功效；供滨海绿化；嫩叶可食。

附种 白花前胡 *P. praeruptorum*，叶片二至三回三出羽状分裂，末回裂片菱状倒卵形，边缘具不整齐 3～4 粗或圆锯齿，有时下部锯齿呈浅裂或深裂状；花期 8—9 月，果期 10—11 月。见于除江北外的全市各地；生于向阳山坡林下、林缘、路旁或草丛中。

白花前胡

345 异叶茴芹

学名 **Pimpinella diversifolia** DC. 属名 茴芹属

形态特征 多年生草本，高 0.5～1.2m。全株被白色柔毛。茎具纵沟纹。叶互生，异形：基生叶有长柄，叶片不分裂或 3 深裂至三出全裂，裂片宽卵状心形或卵圆形，中间裂片基部心形，稀截形，两侧裂片基部歪斜，1.5～4.5cm×1～4cm；茎中部、下部叶三出分裂或羽状分裂；茎上部叶较小，羽状分裂或 3 裂，有短柄或无柄，具叶鞘。复伞形花序；伞辐 6～15；花瓣白色。果实卵球形，长约 1mm。花期 7—9 月，果期 10—11 月。

生境与分布 见于余姚、北仑、鄞州、奉化、宁海、象山；生于山坡草丛中、沟边或林下阴湿处。产于全省山区、半山区；分布于秦岭以南及山东等地；南亚及日本、越南、阿富汗也有。

主要用途 全草、根入药，具祛风活血、解毒消肿之功效；嫩茎、嫩叶可食。

附种 直立茴芹 ***P. smithii***，全体无毛或微被柔毛；叶片二回羽状分裂或二回三出羽状分裂，裂片卵状披针形至长圆状卵形，3.5～7.5cm×1.3～3cm。见于象山；生于林下或溪沟边。

直立茴芹

346 朝鲜茴芹

学名 **Pimpinella koreana** (Y. Yabe) Nakai 属名 茴芹属

形态特征 多年生草本，高40～60cm。茎上部2～3分枝。复叶互生；基生叶有柄，叶鞘长圆形，叶片一至二回三出分裂，裂片卵形、长卵形，3～10cm×1～5cm，先端长尖，具锯齿或钝齿；茎中部、下部叶与基生叶同形，较大；茎上部叶较小，无柄，裂片披针形。复伞形花序；伞辐5～15；花瓣白色。果实卵球形，果棱线形。花期7—8月，果期10—11月。

生境与分布 见于奉化；生于林下湿润处；朝鲜半岛及日本也有。

347 变豆菜

学名 **Sanicula chinensis** Bunge **属名** 变豆菜属

形态特征 多年生草本，高达1m。根茎粗而短。叶互生；基生叶有长柄；叶片掌状3全裂或5裂，3～9cm×4～12cm，中间裂片楔状倒卵形，两侧裂片宽椭圆状倒卵形至斜卵形，通常各具1深裂，具刺芒状重锯齿；茎生叶向上渐小，有柄至无柄，通常3裂。花序二至三回叉式分枝，侧枝长于中间分枝；伞辐2～3；总苞片叶状；萼齿条状披针形；花瓣白色或绿白色。果实圆卵形，长4～5mm，皮刺基部膨大，顶端钩状。花果期4—10月。

生境与分布 见于余姚、北仑、鄞州、奉化、宁海、象山；生于阴湿山坡林下、竹园边、路旁、溪边草丛中。产于杭州、丽水及乐清、江山、普陀、天台等地；分布几遍全国；东北亚也有。

主要用途 全草入药，具散寒止咳、活血通络之功效；嫩叶可食。

348 直刺变豆菜

学名 **Sanicula orthacantha** S. Moore　属名 变豆菜属

形态特征　多年生草本，高8～40cm。根茎短而粗壮。叶互生；基生叶有长柄，叶片掌状3全裂，中间裂片倒卵形或菱状倒卵形，2～7cm×1～4cm，侧裂片歪卵形，2裂至中部或基部，裂片先端2～3浅裂，具刺芒状锯齿；茎生叶略小，具短柄或近无柄，基部略呈鞘状。总状花序常2～3分枝；伞辐4～7；总苞片3～5，条状钻形；萼齿条形或刺毛状；花瓣白色、淡蓝色或浅紫红色。果实卵形，长2.5～3mm，皮刺短直，基部不膨大，稀基部连成纵向薄片。花果期4—9月。

生境与分布　见于余姚、北仑、鄞州、宁海、象山；生于沟谷、溪边或林下、路旁潮湿处。产于丽水及临安、瑞安、乐清、安吉等地；分布于长江以南地区。

主要用途　全草入药，具清热解毒、活血散淤之功效；嫩叶可食。

附种1　薄片变豆菜 *S. lamelligera*，茎生叶和总苞片退化或细小；果实表面有短直皮刺或呈鸡冠状突起，皮刺基部连成纵向薄片。见于鄞州、奉化；生于山坡林下、沟谷、溪边湿润处。

附种2　黄花变豆菜 *S. flavovirens*，伞辐3；总苞片2，叶状；花瓣黄绿色；果上部皮刺顶端略弯曲，基部有小瘤状突起。见于余姚；生于海拔约700m的毛竹林下沟边湿润处。本种为本次调查发现的植物新种。

薄片变豆菜

黄花变豆菜

349 天目变豆菜

学名 **Sanicula tienmuensis** Shan et Constance　属名 变豆菜属

形态特征　多年生草本，高20～45cm。根状茎短，棕黑色或紫黑色。叶互生；基生叶具长柄，叶鞘膜质；叶片掌状3裂，中间裂片倒卵形，3～6cm×0.5～3.5cm，两侧裂片宽倒卵形或斜卵形，通常2深裂至近基部，全部裂片先端2～3浅裂，具锯齿；茎生叶略小，有短柄。花序常一至三回叉状分枝；伞辐3～5；总苞片小，对生，2～3裂；萼齿宽卵形；花瓣白色。果实坛状至球形，长约2.5mm，密被鳞片或小瘤状突起。花果期4—5月。

生境与分布　见于鄞州、宁海；生于溪谷边或山坡路边、林下阴湿处。浙江特有种，产于临安、安吉、天台。

主要用途　嫩叶可食。

350 窃衣

学名 **Torilis scabra** (Thunb.) DC.　　属名 窃衣属

形态特征　二年生草本，高 30～70cm。茎常带紫色，具倒向贴生短硬毛。复叶互生；二回羽状全裂，小裂片披针形至卵形，5～10mm×2～8mm，边缘具整齐缺刻或分裂，两面被短硬毛；茎上部叶渐小，叶柄全部成鞘。复伞形花序；总苞片通常无，稀 1～2，长 2～3mm；伞辐 3～5；花瓣白色，略带淡紫色。果实长球形，长 4～7mm，密被斜上内弯皮刺。花果期 4—7 月。

生境与分布　见于全市各地；生于山坡、溪边、荒地、路边草丛中。产于杭州及仙居、云和、遂昌等地；分布于秦岭以南地区；日本也有。

主要用途　果、根入药，具活血消肿、收敛杀虫之功效；嫩茎、嫩叶可食。

附种　**小窃衣**（破子草）***T. japonica***，叶片一至二回羽状分裂；总苞片 3～6，长 4～7mm；伞辐 4～12；果实长球状卵形，长 1.5～4mm。见于全市各地，生于阔叶林下、林缘、路旁、河沟边、溪边草丛中。

小窃衣

五十三　山茱萸科 Cornaceae*

351 花叶青木 洒金珊瑚

学名 **Aucuba japonica** Thunb. **'Variegata'**　**属名** 桃叶珊瑚属

形态特征 常绿灌木，高1～2m。枝绿色，对生。叶对生；叶片卵状椭圆形、椭圆状披针形或倒卵状椭圆形，6～14cm×3～7.5cm，先端渐尖、尾状渐尖或短尖，基部近圆形或宽楔形，边缘从基部1/3以上疏生粗锯齿，两面具光泽，上面有大小不等的黄色或淡黄色斑点。圆锥花序顶生；花瓣紫红色或暗红色。果椭球形或卵球形，长约1.5cm，熟时红色。花期3—4月，果期11月至次年4月。

生境与分布 原产于我国台湾及日本。全市各地有栽培。

主要用途 叶色全年带黄斑，冬春果序鲜红色，适作地被或盆栽观赏；根、叶入药，具祛风除湿、活血化淤之功效。

* 本科宁波有6属9种1变种1品种，其中栽培4种1品种。本图鉴全部收录。

352 灯台树

学名 **Bothrocaryum controversum** (Hemsl.) Pojark. 属名 灯台树属

形态特征 落叶乔木，高达13m。树皮暗灰色。枝条紫红色，后变淡绿色；皮孔及叶痕明显。叶多集生于枝顶，互生；叶片宽卵形或宽椭圆状卵形，5～9(～13)cm×4～7.5(～9)cm，先端急尖，稀渐尖，基部圆形，下面疏生伏毛，侧脉6～9对；叶柄带紫红色。伞房状聚伞花序顶生；花小，白色。果球形，直径6～7mm，紫红色至蓝黑色。花期5月，果期8—9月。

生境与分布 见于余姚、镇海、北仑、鄞州、奉化、宁海、象山；生于山沟阳坡阔叶林中或林缘。产于全省山区、半山区；分布于华东、华南、西南、华北及辽宁、湖北等地；朝鲜半岛及日本也有。

主要用途 树形美观，供绿化观赏；树皮、种子油供化工用；叶、果实入药。

353 山茱萸 药枣

学名 **Cornus officinalis** Sieb. et Zucc.　　属名 山茱萸属

形态特征 落叶灌木或小乔木，高3～6m。树皮灰黑色，薄片状剥落，树干斑驳。小枝绿色，无毛或疏生短柔毛，老枝黑褐色。叶对生；叶片卵状椭圆形、卵状披针形或卵圆形，5～9cm×2.5～5.5cm，先端渐尖，基部浑圆或楔形，全缘，上面疏生脱落性柔毛，下面疏被短柔毛，脉腋密生淡黄褐色簇毛，侧脉5～6对，弧状内弯。伞形花序；花小，黄色，先叶开放。果长椭球形，长1.2～2cm，熟时深红色。花期3—4月，果期9—10月。

生境与分布 产于临安、淳安；分布于长江中下游地区及山西等地；朝鲜半岛及日本也有。鄞州有栽培。

主要用途 果肉（萸肉）入药，具补益肝肾、涩精止汗之功效；供园林观赏。

354 秀丽四照花

学名 **Dendrobenthamia elegans** W. P. Fang et Y. T. Hsieh　属名 四照花属

形态特征　常绿小乔木或灌木，高 3～12m。树皮平滑。枝绿色，常带紫色，微被柔毛。叶对生；叶片椭圆形或长椭圆形，5.5～8cm×2.5～3.5cm，全缘，先端渐尖，基部楔形或圆钝，无毛或疏被柔毛，上面有光泽，侧脉 3 对。头状花序球形；总苞片 4，花瓣状，淡黄白色，广卵形至卵状椭圆形，2～4cm×1～2.5cm，先端急尖，基部楔形；花瓣小。果序球形，直径 1.5～2cm，成熟时红色。花期 6—7 月，果期 10 月。

生境与分布　见于余姚、鄞州、奉化、宁海、象山；生于海拔 500m 以上的山谷、山腰溪边林中。产于临安至鄞州一线以南山区；分布于江西、福建等地。

主要用途　树形优美，花形奇特，冬叶红艳，供园林观赏；果可食；全株入药，用于风湿骨痛。

附种　**尖叶四照花** ***D. angustata***，幼枝及叶片下面密被白色贴生短柔毛；叶片先端渐尖，具尖尾；果序直径 2.5cm。镇海、宁海有栽培。

尖叶四照花

355 东瀛四照花 日本四照花

学名 **Dendrobenthamia japonica** (Sieb. et Zucc.) W. P. Fang 属名 四照花属

形态特征 落叶小乔木或灌木。小枝纤细，幼时淡绿色，微被灰白色贴生短柔毛，老时暗褐色。叶对生；叶片薄纸质，卵形或卵状椭圆形，5.5～12cm×3.5～7cm，先端渐尖至尾尖，基部宽楔形或圆形，全缘或有明显细齿，上面疏生细伏毛，下面淡绿色，贴生短柔毛，脉腋具黄色绢状毛，侧脉4～5对。头状花序球形；总苞片4，白色，卵形或卵状披针形；花小，花萼内侧微被白色短柔毛。果序球形，熟时红色。花期5—6月，果期8—9月。

生境与分布 见于北仑、奉化、宁海；生于丘陵山区林中。产于普陀；朝鲜半岛及日本也有。本种为本次调查发现的中国分布新记录植物。

主要用途 花白果红，供观赏；果实入药，具消积驱虫、清热利湿之功效。

附种 四照花 var. ***chinensis***，叶背粉绿色；花萼内侧有一圈褐色短柔毛。见于余姚、鄞州、奉化；生于山坡、溪边林中。

四照花

356 青荚叶 叶上珠

学名 **Helwingia japonica** (Thunb.) Dietr. 属名 青荚叶属

形态特征 落叶灌木，高 1～2.5m。枝、叶无毛。幼枝绿色。叶常集生于枝顶；叶互生；叶片卵形、卵圆形或卵状椭圆形，3～10(～14)cm×2～7cm，通常中上部较宽，先端渐尖，基部宽楔形至近圆形，边缘具腺质细锯齿或尖锐锯齿，中脉与侧脉在上面凹陷。花淡绿色，生于叶面中脉上，雄花为伞形或密伞花序，雌花单朵或 2～3 朵簇生。浆果，熟时黑色。花期 5—6 月，果期 8—9 月。

生境与分布 见于余姚、北仑、鄞州、奉化、宁海、象山；生于海拔 400m 以上的山谷、山坡林中或林下阴湿处。产于杭州、湖州、台州及东阳、开化等地；分布于黄河以南地区；日本也有。

主要用途 叶面上开花结果，甚是奇特，供观赏；叶、果入药，具清热解毒、活血消肿之功效。

357 红瑞木

学名 **Swida alba** (Linn.) Opiz. 属名 梾木属

形态特征 落叶灌木，高达3m。树皮紫红色。幼枝有淡白色短柔毛，后即秃净而被蜡状白粉，老枝红色。叶对生；叶片椭圆形，稀卵圆形，5～8.5cm×1.8～5.5cm，先端突尖，基部楔形或宽楔形，全缘或波状反卷，下面贴生短柔毛，有时脉腋有浅褐色髯毛，侧脉约5对。伞房状聚伞花序顶生；花小，白色或淡黄白色；花梗顶端具关节。核果长球形，微扁，长约8mm，熟时乳白色或蓝白色。花期6—7月，果期8—10月。

生境与分布 分布于东北、华北东部、西北东部及江苏、山东、江西等地，朝鲜半岛、欧洲也有。镇海、江北、北仑、鄞州等地有栽培。

主要用途 树皮紫红色，供园林观赏，也作插花材料；种子油供工业用；树皮、枝、叶入药。

358 梾木

学名 **Swida macrophylla** (Wall.) Soják. 属名 梾木属

形态特征 落叶乔木，高达15m。树皮灰绿色至暗紫色。幼枝有棱角，疏生脱落性短柔毛，呈灰褐色。叶对生；叶片宽卵形或卵状长圆形，7～14cm×4～8cm，先端渐尖，基部圆形或宽楔形，有时歪斜，全缘或微具波状小齿，下面密被灰白色短柔毛，侧脉5～7对；叶柄基部略呈鞘状。二歧聚伞花序圆锥状，顶生；花白色，微香。果球形，直径3～4mm，紫黑色至黑色。花期6月，果期8—9月。

生境与分布 见于余姚、北仑、鄞州、奉化、宁海、象山；生于海拔1000m以下的山腰溪沟边至林缘。产于杭州、台州及安吉、德清、衢江、普陀等地；分布于秦岭、淮河地区以南及山东等地。

主要用途 供绿化观赏；果含油脂，供食用、药用和化工用；树皮入药，具祛风止痛、舒筋活络之功效；蜜源植物。

附种 光皮梾木（光皮树）*S. wilsoniana*，树皮光滑，片状剥落；叶片下面密被丁字毛，侧脉3～4对；果直径6～7mm。镇海、北仑、鄞州有栽培。

光皮梾木

中文名索引

拉丁名索引